KB252758

타이베이

2박 3일 베스트 루트

글 omo!·다카하시 마키 | 사진 Tetsurin Chang·고토 료코

터닝
포인트

鐘
錶
TIMEPIECES
佐登妮絲
美容SPA
生
活
館
BEAUTY
興
艋舺 青山宮
(Mengjia) Qingshan Temple
→
春
7F
廣
州
街
Guan
Zhou
St.
222 277
154 213
艋舺夜市
電腦維修
永
發
彩
券
行
油粿
5HX-328

한국에서 비행기를 타고 약 2시간 반 정도 걸리는 타이완.
기후도 사람도 따뜻하고, 어딘가 그리움이 감도는 거리가 반겨 준다.
맛있는 식사와 디저트, 귀여운 소품 그리고 개성 넘치는 타이베이 근교까지.
볼 만한 것이 많은 곳이니 여행 루트를 돌며 알차게 여행하고 싶다.
이번 주말, 2박 3일간의 행복을 맛보러 타이완으로 떠나자!

많은 분들의 의견을 모아 봤습니다

이제부터 타이베이에 가려는 사람에게 어떤 장소를 추천하고 싶은가요? 이 책의 스태프와 현지인들이 즐겨찾는 장소를 소개합니다.

현지 코디네이터 F·L

'천싼딩'의 타피오카 밀크

타피오카 밀크는 '천싼딩(陳三鼎, P.67)'이 최고예요. 이거 마시면 다른 건 눈길도 안 갈 정도로 맛있죠. 물론 가게에 항상 갈 수 있는 건 아니기 때문에 보통은 '우스란(50嵐, P.72)'과 같은 가게에서 테이크아웃합니다. 타피오카라면 타피오카 안에 팥이 들어 있는 디저트가 유명한 '웨이제바오신펀위안(魏姐包心粉圓)'도 추천합니다. 저희 어머니도 좋아하셔서 둘이 자주 먹으러 가요. 발바닥 마사지는 투어 가이드 일을 하던 시절 추천하던 '쯔흐어탕지엔캉양성중신(滋和堂健康養生中心)'도 참 좋죠. 일본에서 친구가 놀러 오면 여기 자주 데리고 가요. 그리고 저는 노래하는 걸 별로 좋아하진 않지만 타이완의 노래방은 엄청 호화로운 분위기인 곳도 있는데, 호텔인가 착각할 정도의 인테리어가 재밌으니 들러 봐도 좋을 듯해요.

우리 엄마도 좋아하는 '웨이제바오신펀위안'

시먼팅(西門町)에 있는 노래방 로비. 호텔인가!?

쯔흐어탕지엔캉양성중신

현지 카메라맨 C·T

'A Train'이라는 재즈 카페에 자주 가요. 낮에는 카페, 밤은 바로 변신합니다. 주말에는 재즈 라이브를 하기도 해요. 그리고 샤오롱바오(小龍包)에서 추천하고 싶은 가게는 MRT 중샤오신성(忠孝新生) 역 근처 '지난시엔탕바오(濟南鮮湯包)'. 저의 베스트 샤오롱바오는 이 가게의 것입니다.

현지에 살고 있는 코디네이터 T·M

스다예스(師大夜市, P.34)는 귀여운 가게가 많아서 코디하기 쉬운 베이직한 아이템을 싸게 살 수 있어요. 그중에서도 'guapa'라는 옷집은 어린 아이가 있는 어머니들이 꼭 가 봤으면 좋겠어요. 그 외에도 아이템 중 추천하는 것은 타이완 가전! 다통(大同)의 띠엔궈(電鍋), 대두로 두유 '더우장(豆漿)'을 만드는 더우장지(豆漿機), 레트로한 재봉틀 등. 변압기를 사용하면 한국에서도 사용할 수 있을 거예요.

재봉틀

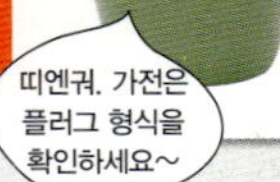

더우장지

띠엔궈. 가전은 플러그 형식을 확인하세요~

편집자 G·R

우스란에서 산 닝멍아이위

닝샤예스(寧夏夜市, P.61)의 '간지샤오산차오·바오빙(甘記燒仙草·刨冰)'의 더우화(豆花)는 몇 번이고 다시 가고 싶은 맛. 매끄러운 더우화와 두유의 부드러운 달콤함이 안 먹고는 못 배기죠. 토핑은 타로 고구마 경단인 '위위안(芋圓)'을 제일 좋아합니다. 아이위(愛玉)도 좋아해서 음료 중에서는 아이위가 들어간 레몬 주스인 '닝멍아이위(檸檬愛玉)'나 아이위가 들어간 레몬 녹차인 '페이추이닝멍뤼차(翡翠檸檬綠茶)'를 좋아해요. 단 정도는 당도 30%의 웨이탕(微糖)이나 70%의 샤오탕(少糖)으로 덜 달게 주문합니다. 선물로는 티엔런밍차(天仁茗茶)의 동방미인차(東方美人茶)나 재스민 녹차를 많이 사서 과자와 함께 나눠 주기도 해요. 짜이총홍(在欉紅)의 구아바나 자몽 잼은 귀국 후 요거트에 넣어 타이완에서 가져온 행복을 소중히 맛보곤 해요.

간지샤오산차오·바오빙

알이 작은 위위안을 가득 넣어서

편집자 T·R

해산물 선술집은 다양한 선택의 재미가 있는 데다 와자지껄하고 개방적인 분위기가 좋아요. 타이완의 무더운 날씨 속에서 마시는 시원한 맥주는 최고죠! 편의점이나 슈퍼마켓에서도 쉽게 발견할 수 있는 망고 맥주는 포장도 귀여워요. 과일의 달콤함이 상쾌하고, 맥주 잘 못 마시는 사람도 맛있게 마실 수 있을 듯해요. 티엔런밍차(天仁茗茶, P.72)의 오렌지가 들어간 녹차 음료 '시엔자수이궈뤼차(鮮榨水果綠茶)'는 취재 중에 몇 번이나 마셨을 정도로 좋아해요. 의외의 조합이지만 진한 녹차에 오렌지 과즙의 자연스러운 달콤함과 산미가 더해져 상쾌하게 맛있어요.

디자이너 O·R

타이완의 이쑤시개가 좋아요. 가늘고 대나무로 만든 양쪽이 뾰족한 것 성리성훠바이휘(勝立生活百貨, P.51)에서 산 소분용 지퍼백은 가로 2cm×세로 4cm 정도의 작은 사이즈가 귀여워요. 물론 빨간 줄무늬 비닐봉투도 샀죠. 좋아하는 음료는 선인초(仙草) 젤리가 들어간 주스와 싱런, 일명 행인(杏仁) 주스. 타피오카 밀크티는 당도를 낮춰서 주문해요. 레스토랑은 '신예(欣葉)'라는 노포의 타이완 요리점을 좋아해요. 오랫동안 애용하고 있는 랩톱 케이스도 타이완 디자이너 그룹 '25togo'의 'MY DOCUMENT'라는 제품으로 청핀슈디엔(誠品書店, P.15)에서 구입했어요.

신예(欣葉)　**MAP P.117 E-1**　🏠 雙城街34-1號

마라딩지마라위안양훠궈(P.29) 홍보 담당 웬디 씨

타이완101(台湾101) 바로 앞에 있는 '하오, 치유(好, 丘)'는 카페와 숍, 레스토랑의 다양한 얼굴을 가진 가게. 잡화도 식품도 메이드 인 타이완 아이템이 가득하고 하나같이 예뻐요. 요즘 제일 뜨는 곳에 가고 싶다면 '청핀성훠송옌디엔(誠品生活松菸店)'으로! 세계 제일에 빛나는 베이커리 '우바오춘마이팡디엔(吳寶春麥方店)'도 입점해 있는 등 주목받고 있는 가게가 많아서 하루 종일 지낼 수 있어요. 이 가게가 있는 지역은 요즘 주목받고 있는 동취(東區, P.96)라는 곳으로, 여기는 멋쟁이 거리에 예쁜 가게가 가득해요. 미국의 컬처 뉴스 사이트 FLAVORWIRE가 선정한 '세계에서 가장 아름다운 서점 20'에 랭크한 '하오양번스 VVG Something(好樣本事 VVG Something)'도 그중 하나. 망고 빙수로 인기가 높은 'ICE MONSTER(P.97)'도 여기에 있는데, 여기는 줄을 서서라도 꼭 먹어 보세요. 한국에서 접하기 어려운 다도를 접할 수 있는 다예관, 칭티엔제(青田街)의 '쯔텅루(紫藤廬)'는 80년도 더 전에 지어진 일본 가옥을 개조한 레트로 분위기의 가게로, 아주 멋져요.

하오, 치유(好, 丘)
MAP P.119 E-3　🏠 松勤街54號
청핀성훠송옌디엔(誠品生活松菸店)
MAP P.119 E-1　🏠 菸廠路88號
하오양번스(好樣本事) VVG Something
MAP P.118 C-1　🏠 忠孝東路四段181巷40弄13號
쯔텅루(紫藤廬)
MAP P.122 C-1　🏠 新生南路三段16巷1號

회사원 G씨

'쯔주찬(自助餐)'이라는 뷔페 형식의 식당이나 반찬 가게가 좋아서 타이완 유학 시절에도 자주 이용했었죠. 말하고 보니 먹고 싶어지네요. 저는 특히 토마토와 달걀을 볶은 '판치에차오단(蕃茄炒蛋)'을 좋아합니다.

얼위에카페이(P.32) 주인

이웃 가게인 '뤼런슈팡(旅人書房)'은 여행이 테마인 작은 책방으로, 점내에서 차를 마실 수도 있습니다. 아직 오픈한 지 1년도 되지 않았기 때문에 아는 사람만 하는 장소. 저희 가게와 함께 꼭 들러 보세요.

Zeelandia Travel & Books 뤼런슈팡(旅人書房)
MAP P.121 F-4
🏠 青田街12巷12-2號 2F

CONTENTS

004 정말 좋아, 타이완! 많은 분들의 의견을 모아 봤습니다

008 타이베이는 어떤 곳일까?

010 출발 전에 체크! 가져가야 할 물건 리스트

타이베이 초보와 베테랑 모두가 만족하는

비장의 루트

012   **Route 1**   처음으로 타이베이를 찾은 사람을 위한 루트

024   **Route 2**   현지인의 시선으로 즐기는 루트

목표를 정하고 공략하는

테마별 루트

038   **Route 3**   아름다움을 충전하고 예뻐지자! 뷰티 루트

048   **Route 4**   타이완 잡화에 빠지다! 쇼핑 루트

058   **Route 5**   배터지게 먹고 싶어! 식도락 루트

발을 뻗어 주변 지역을 돌아보는

욕심쟁이 루트

074   **Route 6**   지우펀×타임 슬립 루트

080   **Route 7**   단수이×사이클링 루트

086   **Route 8**   우라이×유유자적 온천 루트

Area Guide　지역별 가이드

096	동취(東區)	098	푸진제(富錦街)
100	캉칭롱(康靑龍)	102	디화제(迪化街)

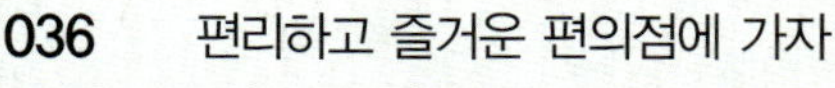

Column

036	편리하고 즐거운 편의점에 가자
068	아직도 남았다! 야시장 가이드
070	정말정말 좋아! 타이완 디저트가 좀 더 먹고 싶어요
072	타피오카 음료를 주문해 보자
092	종류도 다양하다! 타이완 선물 노트
094	드럭 스토어에서 미용 아이템을 구입해 보자
110	Youbike로 편하게 이동&사이클링

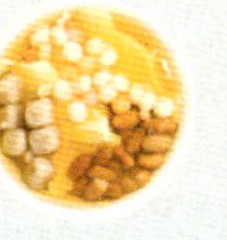

104	타이베이, 어디에 묵지?	111	타이베이 MRT 노선도
106	TRAVEL INFORMATION	112	MAP
108	여행에서 사용하는 중국어 문구	123	INDEX

데이터 보는 방법
MAP　지도를 실은 페이지 위치와 지역 이롬

🏠 주소　☎ 전화번호　**FAX** FAX 번호　🕐 영업 시간(LO는 마지막 주문)　💲 요금　🔑 객실 수　休 정기 휴일
💳 신용카드　🚌 가는 방법　**URL** URL　✉ 메일 주소

* 이 책에 게재된 내용은 2014년 7월 기준입니다. 영업 시간과 요금 등이 변경되거나 상품이 품절되었을 수도 있습니다. 여행할 때는 꼭 최신 정보를 확인하세요. 이 책으로 생긴 문제에 대해서 저희가 책임지지 않는 점 양해 바랍니다.

* 이 책의 중국어 원음 표기는 국립국어원이 제시하는 외래어 표기법을 기준으로 합니다. 일부 현지 발음과 차이가 있는 경우에는 예외를 두었으므로 양해 바랍니다.

* 정기 휴일은 설날 등의 명절을 뺀 휴일을 실었습니다.

* 元은 NT\$. 1元은 약 35.74원(2015년 3월 기준)입니다.

 # 타이베이는 어떤 곳일까? 

여행을 떠나기 전, 타이완(台灣)과 타이베이(台北)에 대해 알아 두면 좋을 것들을 예습해 두자.

우리나라에서 몇 시간?

약 2시간 30분

타이완에는 타오위안(桃園) 국제공항과 쏭산(松山) 국제공항이 있다.

공용어는?

북경어(중국어)

대만어, 하카어 등을 사용하지만 공용어는 북경어. 한자는 번체자를 사용하는데, 중국 본토에서 사용하는 간자체와는 다르다.

통화와 환율은?

1元(NT$1)=약 35.74원

통화는 타이완원. 元, 圓, NT$(뉴 타이완 달러) 등으로 표기한다. 2015년 3월 현재 1元 =약 35.74원

시차는?

−1시간

우리나라보다 1시간 늦다. 서머타임은 없다.

비자가 필요한가?

90일 이내라면 필요 없음

2박 3일 여행에는 비자가 필요 없다. 입국할 때 입국 카드와 관세 신고서를 제출한다.

기후와 기온은?

비가 많이 오고 온난

일 년 내내 습도가 높고 따뜻한 기후이다. 겨울은 12~2월. 여름은 6~9월이다. 3~5월이 무더워지기 전이라 지내기 좋고, 10~11월은 비교적 비가 오지 않아 여행하기 좋다.

이동에 편리한 것은?

MRT가 편리하고 싸다

MRT는 시내 곳곳으로 연결되어 있어 타이베이가 처음인 사람도 이용하기 쉽다. 처음이라면 택시도 편리하다. 최근에는 공공 자전거 대여 서비스인 'Youbike'(P.109)도 인기.

피해야 할 날은?

설날은 쉬는 가게가 많다

'춘절(春節)'이라고 부르는 설날은 쉬는 가게가 많으므로 주의. 연중무휴인 가게도 설날에는 대부분 쉰다. 음력설을 지낸 우리나라와 같기 때문에 꼭 확인하자. 대개 1월 하순에서 2월 중순경이다.

조심해야 할 규칙은?

MRT에서는 음식을 먹을 수 없다

MRT 역내 및 차내에서의 음식 섭취는 금지하고 있다(물과 껌도 포함). 공공장소에서는 법으로 흡연도 금지하고 있다. 위반했을 때에는 아주 엄격히 벌금을 물린다.

A
디 화 제
迪化街
(▶ P.102)

**옛날 좋은 시절의 거리
모습이 남아 있는 상점가**

일찍이 무역 거리로서 번성했던 곳으로, 역사적인 건축물이 늘어선 지역. 최근에는 건물을 개조한 세련된 가게가 늘고 있다.

B
타이베이
台北 역 주변

**교통과 관광의
거점이 되는 주요 지역**

타이베이 역에서 종통푸(総統府)걸쳐 번성하여, 맛집도 많다.

C
중산
中山 역 주변

**고급스러움이 넘치는
여성의 거리**

백화점과 고급 브랜드가 줄지어 서 있는 명품 거리. 갤러리와 카페, 디자이너 숍이나 미용실 등이 많다.

D
푸 진 제
富錦街
(▶ P.98)

**이국의 정서가
감도는 핫 스폿**

쏭산(松山) 국제공항 근처, 멋진 가게가 급증 중인 지역. 미군 주재 시절 분위기가 남아 있어 거리가 서양풍이다.

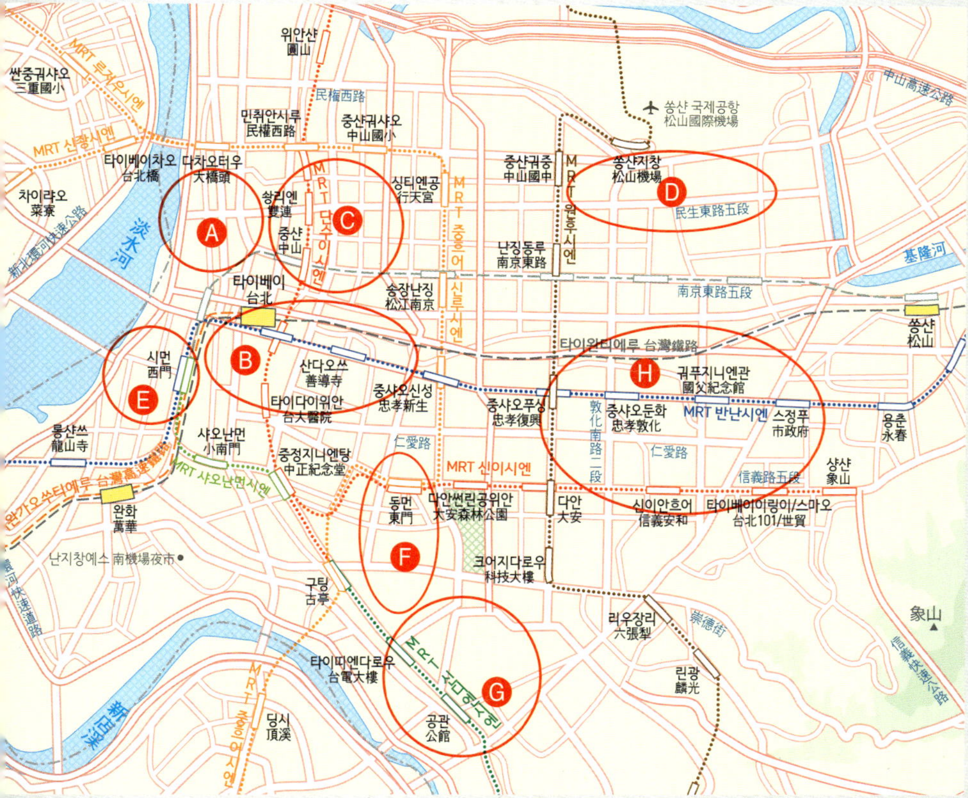

E
시 먼 팅
西門町

**젊은이로 붐비는
작은 다운타운**

영화관, 백화점, SPA 브랜드 등의 건물이 늘어선 젊은이들이 모이는 번화가. 합리적인 쇼핑을 위한 장소로 딱 알맞다.

F
캉 칭 룽
康青龍
(▶ P.100)

**개성적인 가게가 모여드는
주목할 만한 세 지역**

관광객이 많은 용캉제(永康街), 한적한 칭티엔제(青田街), 학생 거리인 롱취안제(龍泉街)를 합쳐 부르는 말. 신구의 조화로 개성적인 가게가 모여 있다.

G
공 관
公館

**명문대학 주변에
펼쳐져 있는 학생의 거리**

사범대학과 타이완대학의 주변으로, 싸고 맛있는 가게가 많다. 스다예스(師大夜市)와 공관예스(公館夜市) 등의 야시장이 있어 밤늦게까지 붐빈다.

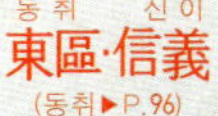

H
동 취   신 이
東區·信義
(동취 ▶ P.96)

**고층 빌딩이 늘어선
화려한 신도심**

타이베이101(台北101) 등의 상업시설이 모여 있는 쇼핑가. 유행 발신지로서 매일 진화 중. 나이트 스폿도 충실.

출발 전에 체크! 가져가야 할 물건 리스트

2박 3일, 이것만 있으면 준비 완료! 자신만의 스타일로 응용해도 좋다.

귀중품

- [ ] 여권
- [ ] 현금
- [ ] 신용카드
- [ ] 해외여행 손해배상보험 가입증서

일용품

- [ ] 갈아입을 옷
- [ ] 잠옷
- [ ] 모자
- [ ] 선글라스
- [ ] 자외선 차단제
- [ ] 안경, 콘택트렌즈
- [ ] 화장품, 스킨케어 제품
- [ ] 비상약
- [ ] 우산, 우비

전자제품

- [ ] 카메라
- [ ] 메모리 카드
- [ ] 충전기

있으면 편리한 것들

- [ ] 얇은 셔츠나 카디건
- [ ] 물티슈
- [ ] 제균 아이템
- [ ] 지퍼가 달린 비닐 백
- [ ] 벌레 퇴치용 스프레이
- [ ] 슬리퍼나 비치 샌들
- [ ] 아이마스크

에어컨 대책은 확실하게!

타이완의 여름은 덥지만 가게와 호텔 등의 건물은 냉방을 강하게 하므로 오히려 추울 정도다. 여름이라도 얇은 상의와 머플러를 가지고 다니는 것이 좋다.

벌레 퇴치 및 자외선 차단 준비도 완벽하게!

푹푹 찌는 기후 때문에 모기가 많은 타이완. 현지에도 벌레 퇴치 용품은 많지만 국내에서 미리 준비해 가면 편리하다.

호스텔과 민박은 편리할까?

합리적인 가격의 호스텔과 게스트하우스 등에는 수건이 없거나, 욕실과 화장실이 공용인 경우도 많다. 체재지의 비품을 확인하고 여행을 떠나자. 실내에서 이동할 때 신을 슬리퍼와 비치 샌들 등이 있다면 편리하다.

타이베이 초보와
베테랑 모두가 만족하는

비장의 루트

Route 1
처음으로 타이베이를
찾은 사람을 위한 루트
맛있는 샤오롱바오에 심벌 타워, 신선한 망고
빙수! 타이완이 처음이라면 꼭 가야할 장소만
골라 만족스러운 3일.

Schedule

DAY 1

11:00 타이베이 도착!

🚌🚆 리무진 버스 or MRT로 이동

13:30 호텔에 체크인

🚇 MRT로 신이안흐어(信義安和) 역으로

14:00 우선은 明月湯包에서 (밍위에탕바오)
샤오롱바오로 점심

도보로 약 17분

15:30 台北101의 전망대로 (타이베이이랑이)

> 101층의 고층 타워

도보로 약 12분

17:00 國父紀念館에서 위병 교대를 (궈푸지니엔관)
보자

> 책부터 잡화까지!

도보로 약 8분

18:00 세련된 타이완 잡화를
誠品書店에서 체크! (청핀슈디엔)

🚇 MRT로 중샤오푸싱
(忠孝復興) 역으로   이동 시간 약 12분

19:30 망고 빙수를 언제나 먹을 수
있는 Mango cha cha로 (망고 차 차)

🚇 MRT로 지엔탄(劍潭)
역으로   이동 시간 약 25분

21:00 타이완에서 가장 유명한 야시장
士林夜市에서 먹으며 걷기 (스린예스)

DAY 2

9:00 줄이 끊이지 않는 식당
阜杭豆漿으로 (푸항더우장)

도보로 약 19분

11:00 Yellow Ted에서 (옐로 테드)
타이완식 머리 감기

도보로 약 4분

12:00 明宮에서 본격적인 광동요리 (밍공)
맛보기

도보로 약 7분

13:30 Magic.S에서 변신 사진 (매직 에스)

> 추억 삼아 어떨까?

🚇 MRT로 싱티엔공(行天宮)
역으로   이동 시간 약 21분

17:00 活泉足體養身世界의 발 마사지로 힐링 (훠 취안 쭈 티 양 선 스 제)

🚇 MRT로 시먼(西門) 역으로   이동 시간 약 20분

18:30 臺北書院에서 차 문화 접하기 (타이베이슈위안)

🚇 MRT로 궈푸지니엔관(國父紀念館)
역으로   이동 시간 약 26분

20:00 麻膳堂에서 마라뉴오우미엔을 먹자 (마 산 탕)

DAY 3

8:00 Mini Bean의 귀엽고 (미 니 빈)
컬러풀한 두유로 아침 식사

🚇 MRT로 롱샨쓰(龍山寺) 역으로   이동 시간 약 18분

9:00 龍山寺에서 사랑의 신에게 빌기 (룽 산 쓰)

🚇 MRT로 싱티엔공(行天宮) 역으로   이동 시간 약 26분

10:00 達摩動館에서 마사지 (다 모 동 관)

🚕 택시로 7분

11:30 犁記餅店에서 파인애플 (리 지 빙 디 엔)
케이크를 선물로

> 식상하지만 맛있다

🚕 택시로 6분

12:00 春水堂의 타피오카 티는 (춘수이탕)
빠뜨릴 수 없다!

🚕🚇 택시 or MRT로 이동

13:00 호텔에서 짐을 찾아서 공항으로

도착하면 바로 샤오롱바오! 그대로 타이베이의 랜드 마크를 돌아본 후, 하루의 마무리는 타이베이 최대의 관광 야시장으로. 흔하지만 즐겁고 확실한 장소로 GO!

14:00

풍부한 육즙의 샤오롱바오가 인기인 유명 가게

밍 위에 탕 바오
明月湯包

우선 담백한 육즙이 가득한 샤오롱바오(小龍包)가 인기인 가게로 가자. 쫀득한 만두피와 타이완산 흑돼지를 사용한 속, 고기의 감칠맛이 담긴 육즙의 밸런스가 절묘해서 몇 개를 먹어도 질리지 않는 맛이다. 서민적인 분위기의 이 가게 바로 옆에는 세련된 지점도 있다.

MAP P.119 D-4 신이(信義)
🏠 基隆路二段162-4號 ☎ 02-2736-7192
🕐 11:00~14:30(LO 13:50), 17:00~21:00 (LO 20:50) 休 월요일 ▭ 불가 🚇 MRT 신이안흐어(信義安和) 역에서 도보로 약 12분

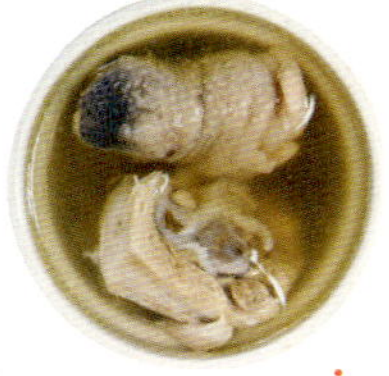

약 4시간 끓인
위안중둔지탕
(圓盅燉雞湯) 140元

바삭한 멸치가 들어간
모짜이위단차오판
(鯽仔魚蛋炒飯)
150元

1 밍웨탕바오 8개 130元. 처음에는 아무 것도 찍지 말고 맛을 음미하며 먹자 **2** 거품 모양처럼 보인다 **3** 두 번째부터는 흑초 간장을 찍어 생강과 함께

15:30

시내를 한 눈에 볼 수 있는 랜드 마크

타이베이이이링이
台北101

높이 509.2m, 지상 101층, 지하 5층의 타이완에서 제일 높은 빌딩. 89층에는 실내 전망대가 있어서 타이베이 시내는 물론 날이 맑은 날에는 단수이(淡水)와 지룽(基隆) 산 너머까지 보인다. 입장료는 500元. 91층에는 야외 전망대가 있다.

MAP P.119 F-3 신이(信義)
🏠 信義路五段7號 ☎ 02-8101-7777 🕐 9:00 ~22:00, 쇼핑 센터는 11:00~21:30, 금·토 11:00 ~22:00(전망대 입장은 21:15까지) 休 없음 ▭ 가능(티켓 구입) 🚇 MRT 타이베이101/스마오(台北101/世貿) 역 4번 출구에서 바로

음성 안내 가이드기를
무료로 빌릴 수 있다

17:00

위풍당당한 위병 교대는 꼭 보자!

궈 푸 지 니 엔 관
國父紀念館

'중국혁명의 아버지', '국부'로 불리며 많은 존경을 받고 있는 쑨원(孫文)을 기리는 기념관. 전시실과 도서관 등이 있으며 눈에 띄는 것은 1시간마다 열리는 위병 교대 세리머니. 일사불란한 움직임이 감동적이다.

MAP P.119 E-2 신이(信義)
🏠 仁愛路四段505號 ☎ 02-2758-8008 🕐 9:00~18:00 休 없음 🚇 MRT 궈푸지니엔관(國父紀念館) 역 4번 출구에서 도보로 약 3분

1·2 가게 안 곳곳에 벤치가 있어 자유롭게 독서 가능 **3** 5층의 어린이 코너 **4·5** 4층의 CD 가게 **6·7** 지하 2층의 푸드 코트 **8** 뉴로우미엔(牛肉麵) 세트 230元

선물 고르기에 가장 좋은 문화 발신지

誠品書店 信義旗鑑店
_{청핀슈디엔} _{신이치지엔디엔}

미술과 문화의 발신지인 '청핀슈디엔'. 지하 2층부터 지상 6층으로 이루어진 플래그십 숍에는 책은 물론 잡화와 옷, CD와 식당 등 여러 가지 가게가 들어와 있다. 그중에서도 3층에는 타이완 물건을 모아 놓은 코너가 있어 선물 사기 좋다.

MAP P.119 F-2 신이(信義)

🏠 松高路11號 ☎ 02-8789-3388 🕐 2·3층은 10:00~익일 0:00(금·토~익일 2:00), 5층은 11:00~22:00, 지하 2~1층/4~6층은 11:00~22:00(금·토~23:00) 🈺 없음 💳 가능 🚇 MRT 스정푸(市政府) 역에서 도보로 약 3분

걸어서 10분 정도면 쏭산원촹위안취(松山文創園區)에 탄생한 '청핀성훠송옌디엔(誠品生活松菸店)'이 있다. 서점과 잡화, 식당, 극장이 있으며, 호텔도 오픈했다.

망고 빙수를 일 년 내내 즐길 수 있는 곳

Mango cha cha
_{망고차차}

일 년 내내 망고를 먹을 수 있는 인기 가게로, 깊은 풍미의 타이완산 최고급 애플망고를 사용하는 달콤한 빙수부터 마카롱과 주스도 있다.

MAP P.118 B-1 신이(信義)

🏠 忠孝東路四段17巷4號 ☎ 02-2778-8551 🕐 11:00~23:00 🈺 없음 💳 가능 🚇 MRT 중샤오푸싱(忠孝復興) 역에서 도보로 약 1분

'전 남친과 공유하고 싶을 정도로 맛있다'는 데서 유래한 주칭런(舊情人) 250元

프레시 망고 주스 150元

1 주칭런의 안에는 흑설탕 시럽이 듬뿍. 1~2인용 사이즈 **2** 가게 안은 망고 색상. 테이크아웃도 가능

21:00

타이베이 최대 규모의 야시장을 즐기자

士林夜市
스린예스

100년 이상의 역사를 자랑하는 타이베이 최대의 야시장에 가자. 1층에는 잡화와 토속상품, 게임 가게들이 즐비하며 지하 1층의 '메이스취(美食區)'에 먹거리 노점상이 많다.

MAP P.113 E-2 스린(士林)

다동루(大東路) 주변 17:00~익일 1:00경 休 없음(가게에 따라 다름) 불가능 MRT 지엔탄(劍潭)역에서 도보로 약 5분

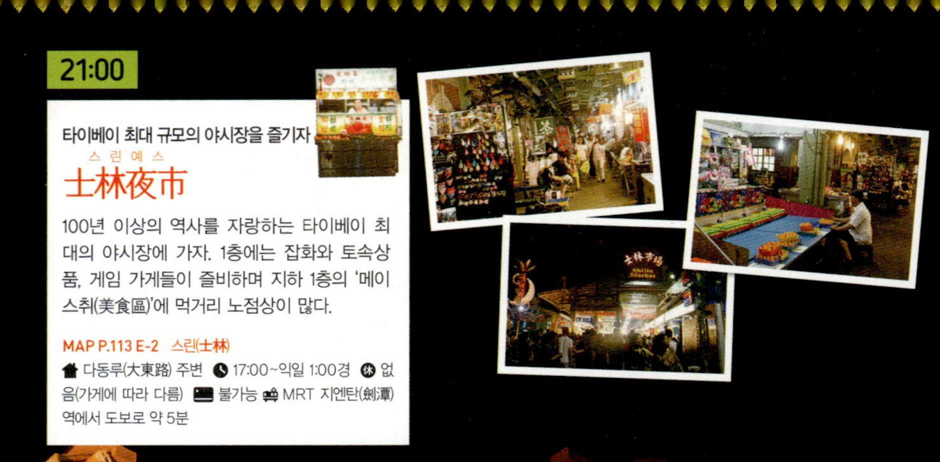

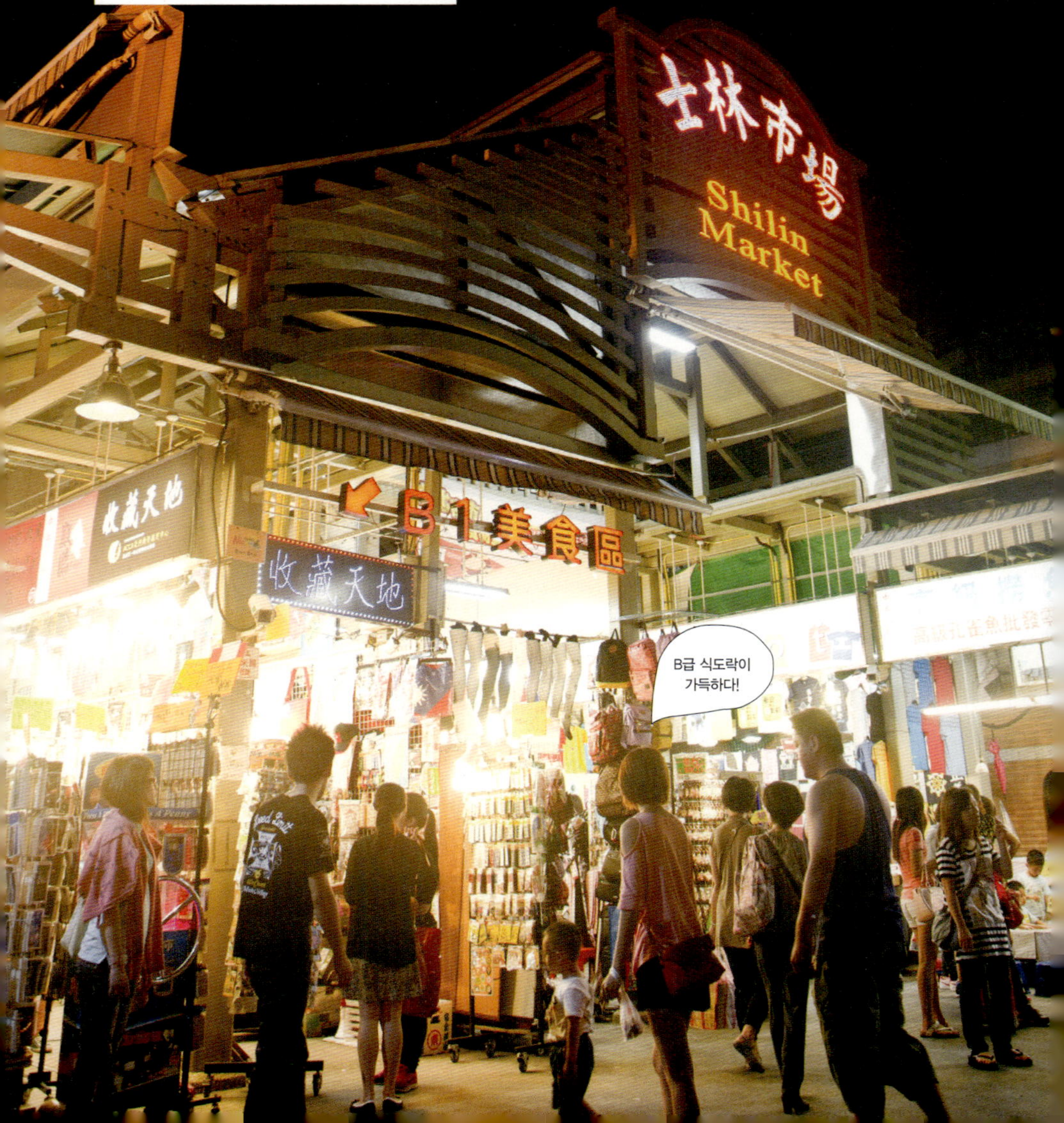

蚵仔煎
50元

타이완의 명물. 굴을 넣은 오믈렛. 솜씨 좋게 눈앞에서 만들어 준다. 가게마다 소스가 다르므로 맛을 비교해 보는 것도 좋다

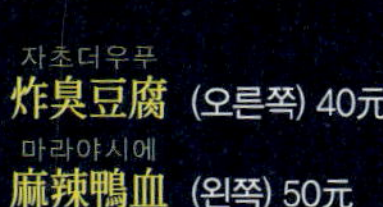

炸臭豆腐 (오른쪽) 40元
자초더우푸

麻辣鴨血 (왼쪽) 50元
마라야시에

주위를 떠도는 강렬한 냄새로 가게를 알 수 있는 튀긴 취두부 '자처우더우푸'와 오리의 피를 굳혀 만든 '마라야시에'. 둘 다 독특하다

大鷄排
다지파이

55元

스린(士林)의 명물인 거대한 프라이드치킨. 야외와 메이스취에 가게가 있으며, 매운 맛과 데리야키 소스를 뿌린 두 종류가 있다

檸檬愛玉
닝멍아이위빙

30元

아이위(愛玉)라는 식물로 만든 인기 많은 레몬 맛 젤리. 야외에 있는 개구리 마크가 눈에 띄는 '스린왕지징와 샤단(士林王記青蛙下蛋)'에서 판매

大餅包小餅
다빙바오샤오빙

50元

튀긴 만두를 두드려 얇은 피로 만, 식감이 즐거운 타이완풍 크레이프. 땅콩 맛과 카레 맛이 있다

大陽包小陽
다양바오샤오양

50元

찹쌀 피 사이에 소시지를 끼운 쌀 핫도그. 쫀득쫀득한 식감이 최고

야시장 즐기기

현지인이 저녁 식사를 하는 장소이기도 한 야시장. 매일 축제처럼 사람들로 붐비며, 돈 바꾸기가 어려우므로 잔돈을 준비해야 한다. 또한 화장실이 적으므로 사전에 위치를 확인하고 가는 것이 좋다. 비교적 치안은 좋지만 혼잡한 틈을 탄 소매치기와 도난에도 주의해야 한다.

 줄이 끊이지 않는 두유 가게에서 하루를 시작! 타이완 맛집은 물론 머리 감기, 변신 사진, 발 마사지 등 가장 기본적인 관광도 즐기자.

9:00

타이완식 아침 식사라면 바로 이것!

무 항 더 우 장
阜杭豆漿

타이완의 아침 식사라면 두유, 즉 더우장(豆漿)을 꼽지만 그중에서도 유명한 더우장 가게가 이곳이다. 메뉴는 모두 직접 만든다. 따뜻하고 달콤한 더우장에 튀긴 빵을 적셔 먹는 것이 기본이지만, 일반 더우장보다 짭짤한 맛의 루더우장(滷豆漿)과 튀긴 빵에 달걀 프라이를 끼운 허우빙단자요탸오(厚餅蛋夾油條), 단빙(蛋餅)도 꼭 먹어 보자!

MAP P.121 E-1 타이베이(台北) 역 주변
忠孝東路一段108號 2F-28 ☎ 02-2392-2175 ◐ 5:30~12:30 休 월요일 ▣ 불가능 MRT 산다오쓰(善導寺) 역 5번 출구에서 바로

단빙은 25元. 쫀득쫀득한 피로 달걀 프라이를 감쌌다

1 허우빙단자요탸오(厚餅蛋夾油條) 60元, 더우장 26元 **2** 주문 받는 솜씨가 좋아 줄은 빨리 줄어든다 **3** 푸드 코트의 한쪽이지만 플로어 전체가 이 가게 손님으로 꽉 찬다 **4** 가게 밖에까지 긴 줄이 늘어선다

추천 메뉴 루더우장은 30元으로, 마치 순두부 같다

11:00

타이완식 머리 감기로 몸과 마음을 리프레시

옐 로 테 드
Yellow Ted

타이완식 머리 감기는 의자에 앉아서 받기 때문에 목이 피곤하지 않고, 피로 회복에 좋은 것이 인기의 비밀이다. 이 가게는 타이베이 시내에 점포 4개가 있는 체인점. 추가 요금은 없으므로 안심할 수 있다. 머리 감는 데 걸리는 시간은 약 40분.

MAP P.117 D-3 중산(中山)
中山北路二段4-2號 ☎ 02-2542-9786 ◐ 화~금 11:00~20:00, 토·일 11:00~18:30 休 월요일 ▣ 가능 MRT 중산(中山) 역 4번 출구에서 도보로 약 3분

1 마른 상태의 머리에 샴푸를 직접 뿌려 거품을 만드는 것이 타이완식 **2** 마사지, 샴푸, 드라이의 코스가 950元. 끝난 후에 기념사진을 찍는 사람도 많다 **3** 1~2층, 한국과 비슷한 분위기

고급스러운 분위기에서 먹는 인차 런치

<ruby>밍 공</ruby>
明宮

호텔 안에 위치한 광동식 창작 요리 레스토랑. 런치 타임에는 과자에 차를 곁들인 간단한 식사인 인차(飮茶) 약 60가지와 일품요리 약 100가지를 즐길 수 있다. 홍콩 출신의 셰프가 만든 요리는 섬세하고 정성스럽다. 동서양을 융합한 모던한 공간에서 사치스런 런치를 즐기는 것은 어떨까.

MAP P.117 E-3 중산(中山)
中山北路二段37之1號 3F ☎ 02-2542-3266 ● 11:30~14:30, 18:00~22:00 休 없음 🚻 가능 🚇 MRT 중산(中山) 역 4번 출구에서 도보로 약 5분

1 상어 지느러미와 가리비 수프 280元 등. 인차 메뉴가 풍부하다 **2** 창밖으로 가로수길이 보인다

맛있는 모듬 차슈 800元

이쪽은 코코넛 100元. 디저트도 세련된 느낌

특제 팥과 쌀 케이크 진무시(金木犀) 100元

변신 사진관에서 모델 기분을 만끽!

<ruby>매직 에스</ruby>
Magic.S

아름다워지고 싶다는 여성의 소망을 이루어 주는 타이완의 유명한 변신 사진관. 최첨단의 패션을 추구하는 아티스트적인 사진을 찍을 수 있다. 코스는 A 코스는 5200元(의상 2벌, 12장 촬영, 앨범 사이즈는 10×15cm)부터 있다. 촬영은 3시간 이상 걸린다.

MAP P.117 E-4 중산(中山)
南京東路一段36號 2F ☎ 02-2568-3132 ● 9:00~18:00 休 화요일 🚻 가능 🚇 MRT 중산(中山) 역 3번 출구에서 도보로 약 5분 **URL** www.magic-s.com

1 카메라맨의 지시에 따라 포즈를 잡는다 **2** 태블릿으로 샘플 사진을 보면서 의상을 선택한다 **3** 속눈썹도 붙이고 대변신!

마치 다른 사람 같다! 앨범과 데이터 CD는 약 한 달 반 후에 한국에 도착한다(비용은 1000元)

기분 좋은 발 마사지 가게

活泉足體養身世界

현지인들로 붐비는 발 마사지 가게. 주인은 일본인으로 철저한 교육을 통해 확실한 기술을 가진 마사지사를 육성했다. 어떤 마사지사가 담당해도 정확한 마사지를 해 주니 안심이다. 또한 청결을 제일 우선으로 해서 족탕통에는 비닐을 씌워서 매번 갈아 주는 등 섬세한 배려가 기쁘다. 발 마사지는 40분에 550元부터이며, 전신 마사지도 좋다.

MAP P.117 F-2 싱티엔공(行天宮)
🏠 民權東路二段134號 ☎ 02-2571-2017 🕐 9:30~24:00 休 없음 📷 불가 🚍 MRT 싱티엔공(行天宮) 역 4번 출구에서 도보로 약 3분

1 시술이 끝나면 발이 산뜻하다! **2** 수완 좋은 마사지사인 셰(謝) 씨. 그녀의 시술을 받으려면 몇 달은 기다려야 한다고 **3** 처음에는 식초와 소금을 넣은 족탕에서 발을 따뜻하게, 서비스로 어깨 마사지도 해 준다 **4** 시술은 느긋하게 소파에서. 각각의 자리에는 전원이 있으며, 가게 안은 Wi-Fi 무료

고적한 다예관에서 타이완식 차를 시음해 보자

臺北書院

1900년 초에 지어진 고적지 중산탕(中山堂)의 3층에 있는 다예관(茶藝館). 클래식한 분위기 속에서 타이완식으로 차를 즐길 수 있는 숨겨진 장소. 요금 시스템에 당황하기 십상인 다예관이지만, 이곳은 최저 금액이 정해져 있다. 테이블 석은 1인 250元 이상, 좌식 개인실은 1인 350元 이상 주문하면 된다.

MAP P.120 B-1 시먼(西門)
🏠 延平南路98號 3F ☎ 02-2311-2348 🕐 13:00~21:00 休 없음 📷 불가능 🚍 MRT 시먼(西門) 역 4번 출구에서 도보로 약 4분

1 처음인 사람에게는 프로가 차 마시는 방법을 알려 준다 **2** 복도에 자리 잡은 테이블 석, 개인실은 좌식이다 **3** 차와 함께 내는 녹두떡 '뤼더우가오(綠豆糕)' 80元 **4** 바이하오우롱차(白毫烏龍茶, 東方美人茶) 400元과 가오샨우롱차(高山烏龍茶) 380元

화제의 매운 뉴로우미엔에 입맛을 다신다

마 산 탕
麻膳堂

타이완 B급 식도락의 대표 격인 뉴로우미엔(牛肉麵)에, 끊을
수 없게 만드는 매운 맛을 더한 마라뉴로우미엔(麻辣牛肉麵)
이 인기인 가게. 전골 마지막에 면을 넣는 것에서 착안하여
혼자서 먹는 마라궈(麻辣鍋)가 탄생했다고. 뉴로우미엔에는
보통 넣지 않는 오리 선지도 넣는다(싫다면 빼 달라고 하자).
궈푸지니엔관에 본점도 있다.

MAP P.119 F-2 신이(信義)

🏠 信義區松壽路18號 1F ☎ 02-2723-7555 🕐
월~금 11:30~15:00, 17:00~23:00, 토·일 11:30~
23:00 休 없음 💳 가능 🚇 MRT 궈푸지니엔관
(國父紀念館) 역 혹은 타이베이101/스마오(台北101/
世貿) 역에서 도보로 약 10분

스타일리시한 인테리어로 여성에
게도 인기가 많다

1 참깨국물을 곁들인 물만두는 75元 **2** 군만두 70元. 바삭한 피와 풍부한
육즙이 식욕을 자극한다 **3** 간판 메뉴인 마라뉴로우미엔 170元과 사골을
10시간 이상 고아 맛이 깊은 칭둔뉴로우미엔(清燉牛肉麵) 150元

DAY3

사원과 타피오카 티로 유명한 가게 등 마지막 날도 가고 싶은 곳이 잔뜩! 시간이 허락하
는 한 타이베이 여행을 마음껏 즐기자.

귀엽고 컬러풀한 두유로 건강한 아침 식사

미 니 빈
Mini Bean

마지막 아침 식사는 어제와 다른 두유를 먹어 보자. 타
이완산 채소를 섞어 컬러풀한 두유는 보기만 해도 귀
엽다. 설탕량은 본래의 맛을 살리기 위해 적게 넣어도
OK. 식사 메뉴도 고기를 전혀 사용하지 않아서 가볍
고 건강할 뿐 아니라 두유와도 잘 어울린다.

MAP P.118 B-1 동취(東區)

🏠 忠孝東路三段251巷4弄16號 ☎ 02-
2752-9711 🕐 8:00~20:00 休 없음 💳
불가능 🚇 MRT 중샤오푸싱(忠孝復興) 역 1번
출구에서 도보로 약 5분

1·2 다양한 색상의 두유는 한
잔에 100元. 가벼운 식사를
곁들인 세트가 인기 **3·4** 지
역 농가와 제휴한 직송 농산
물로 만든 푸딩과 잼도 판매
한다 **5** 오너가 소속된 디자
인 회사가 작업한 가게는 세
련된 분위기. 번화가지만 가게
는 길 뒤쪽에 있어 조용하다

Route
1

타이완의 파워 스폿을 참배하자

롱 산 쓰
龍山寺

1738년에 건립된 타이베이 최고(最古)의 사원. 본존
은 관세음보살이지만 오랜 세월 이어지면서 도교, 유
교 등의 종교와 조화되어 지금 기리는 신은 100여
위 이상. 아름다움을 관장하는 태음성군(太陰星君),
상업과 기술의 신인 관성제군(關聖帝君, 삼국지의 관
우) 등도 모시며, 참배객은 여러 신을 모시는 7가지
향로를 순서대로 돌면서 참배한다.

MAP P.120 A-2 롱산쓰(龍山寺)

🏠 廣州街211號 ☎ 02-2302-5162 🕐 6:00~22:00 🈺 없
음 🚇 MRT 롱산쓰(龍山寺) 역 1번 출구에서 도보로 약 4분

1·4 아침 일찍부터 밤늦게까지 참배객으로 붐비며 지역 주민들의 기
반이 되었다 **2** 큰 문을 빠져나와 전단 오른쪽의 '롱팅(龍廳)'으로 입
장한다 **3** 학문의 신 문창제군(文昌帝君). 후전 오른쪽에 위치하고
있다 **5** 인연의 신 월하노인(月下老人). 후전 왼쪽에 위치하고 있다

결혼의 운명이 기록된 책을 가지고, 최
고의 반려자에게 운명의 붉은 실을 내려
준다는 신 월하노인이 여기에도. 타이완
제일의 연애 성취 스폿.

MAP P.116 B-3 디화제(迪化街)

🏠 迪化街一段61號 ☎ 02-2558-0346 🕐 7:00~19:30
🈺 없음 🚇 MRT 솽리엔(雙連) 역에서 택시로 약 8분

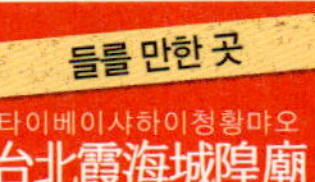
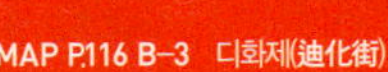

'디엔샹추(點香處)'라고
쓰인 점화 장소에서 향
초 3개에 불을 붙인다

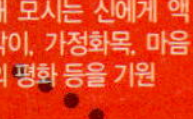

복채 대신 금종이와 향초 3개
를 50元에 구입. 그리고 참배
세트를 250元에 구입

통로의 화로를 향해서 하
늘의 신인 천공(天公)에
참배. 이름, 연도, 주소,
생년월일을 마음속으로
말하며 자기소개

오른쪽 방으로 이동
해 모시는 신에게 액
막이, 가정화목, 마음
의 평화 등을 기원

밖의 향로에 향초를 공양. 참배 세트
안에 있는 동전과 붉은 실을 봉투에
담아 향로 위에서 시계 방향으로 세
바퀴 돌린 후, 가지고 돌아가자

중앙에 있는 본존을 참배
하고 왼쪽의 월화노인에게
자기소개를 하며 기원

확실한 기술의 마사지로 몸을 풀자

다 모 동 관
達摩動館

타이베이 시내 2곳에 점포가 있다. 24시간 영업하는 대형 마사지 가게로 눈에 띄는 파란색 4층 건물이다. 이곳에서는 마사지사가 일정한 수의 단골을 확보하지 못하면 해고하는 엄격한 제도를 채용하여, 솜씨가 확실한 마사지사 50명 정도가 대기하고 있다. 단골을 모으기 위한 부담스러운 접객은 없으니 안심하길.

MAP P.117 F-3   싱티엔공(行天宮)
🏠 吉林路188號 ☎ 02-2531-7008 🕐 24시간 休 없음 🚌 가능 🚇 MRT 싱티엔공(行天宮) 역 1번 출구에서 도보로 약 4분

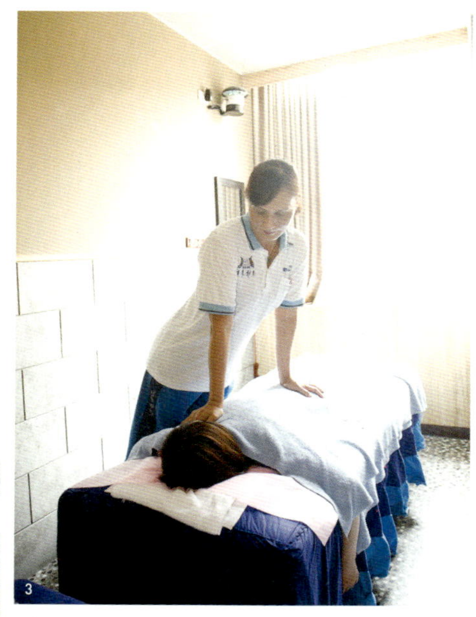

1 마사지사는 남녀 지명이 가능하므로 안심 2 발바닥 마사지는 40분에 700元. 발스파, 발바닥과 전신 지압 마사지가 세트인 2시간 코스는 1600元짜리도 있다 3 전신 지압 마사지 60분에 1100元

◀상품이 진열되어 있는 가게 안. 개별 구매도 가능하다 ▲파인애플 케이크 10개 세트는 350元. 3가지 맛이 한 세트

120년의 역사를 자랑하는 오래된 가게

리 지 빙 디 엔
犁記餅店

1894년에 창업한 타이완 전통 과자점으로, 인공 첨가물 없이 최고의 재료로 만든다. 파인애플 케이크의 빵은 부드럽고 속은 많이 달지 않다. 녹두로 만든 빵인 뤼더우펑(綠豆椪)과 심심한 맛의 전병 타이양빙(太陽餅)이 인기.

간 고기가 들어간 뤼더우웨빙(綠豆月餅)은 1개에 80元

MAP P.114 A-4   송장난징(松江南京)
🏠 長安東路二段73號 ☎ 02-2506-2255 🕐 9:00~21:00 休 없음 🚌 불가능 🚇 MRT 송장난징(松江南京) 역 4번 출구에서 도보로 약 6분

◀ 깊은 맛이 나는 타피오카 밀크티 75元(S/앞쪽)와 청량한 느낌의 비취 재스민 레몬티 80元(S/뒤쪽) ▲ 신광싼위에난시난디엔(新光三越南西南店)의 지하 1층에 있어 주부나 쇼핑 중에 이용하는 손님이 많다

본고장의 타피오카 밀크티를 마시자!

춘 수 이 탕
春水堂

우리나라에는 타피오카 밀크티로 알려진 전주나이차(珍珠奶茶)를 개발한 가게로 유명한 '춘수이탕(春水堂)'. 타이완 내에 40개의 점포가 있으며 시난(西南) 점은 처음으로 백화점에 생겨 인기다. 음료 메뉴 이외에도 뉴로우미엔(牛肉麵) 등의 식사 메뉴도 있다.

MAP P.117 D-4   중산(中山)
🏠 南京西路12號(新光三越南西南店 B1) ☎ 02-2100-1848 🕐 월~금 11:00~21:30, 토·일 11:00~22:00 休 없음 🚌 가능 🚇 MRT 중산(中山) 역 3번 출구에서 바로

Route
1

Route
2
현지인의 시선으로
즐기는 루트

타이베이 사람처럼 놀고 싶어! 지역 밀착형인
시장부터 산책하기 좋은 캠퍼스까지, 어깨의
힘을 조금 빼고 즐기는 3일.

서두르지 말고
천천히 지내 봐요~

Schedule

DAY 1

11:00 타이베이 도착!

 리무진 버스 or MRT로 이동

13:30 호텔에 체크인

(MRT) MRT로 송장난징(松江南京) 역으로

14:00 푸바 왕주 자 오지 핀 찬 팅
富霸王豬腳極品餐廳의 유명한 족발로 점심

걸어서 바로

15:30 동네에 섞여들어
쓰 핑 제 양 광 상 취 안
四平街陽光商圈을 어슬렁어슬렁

(MRT) MRT로 중샤오신성(忠孝新生) 역으로 | 이동 시간 약 15분

17:00 종합문화시설 화산원창위안취 華山文創園區로

(MRT) MRT로 중샤오푸싱(忠孝復興) 역으로 | 이동 시간 약 9분

20:00 마 라 딩 지 마 라 위 앤 양 훠 궈
馬辣頂級麻辣鴛鴦火鍋로 배부른 저녁

DAY 2

8:30 아침은 산터우신시엔더우장디엔 汕頭新鮮豆漿店의 두유를 

도보로 약 12분

10:00 아침부터 붐비는 동먼스창 東門市場에서 일상생활을 접하자

도보로 약 14분

현지인들이 식재료를 사는 아침 시장

11:30 오래된 집을 개조한 카페
칭티엔치리우
青田七六에서 역사를 알아보자

도보로 약 9분

1900년대 초에 지어진 집

13:00 현지인에게 사랑받는
펑 성 스 탕
豐盛食堂으로

도보로 약 11분

14:30 아직 안 알려진 카페
얼 위 에 카 페 이
貳月咖啡에서 차 한잔

여성 오너와 강아지가 반겨 준다

도보로 약 18분

16:30 타 이 완 다 쉐
臺灣大學에서 학생들과 산책 

도보로 약 4분

딩하오Wellcome(頂好Wellcome, P.93)에서 현지 식품을 체크

지극히 평범한 슈퍼마켓에서 쇼핑하자

(MRT) MRT로 구팅(古亭) 역으로 | 이동 시간 약 11분

19:30 수 항 디 엔 신 디 엔
蘇杭點心店의 맛있는 샤오롱바오를 

도보로 약 16분

21:00 학생이 많은 스 다 예 스 師大夜市에서 젊음을 느끼자

DAY 3

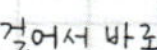

9:00 민 위 에 치 위 미 펀 탕
民樂旗魚米粉湯의 쌀국수를 먹자

걸어서 바로

10:00 린 흐어 퐈 요우 판 궈 디엔
林合發油飯粿店에서 찰밥을 테이크아웃

도보로 약 3분

11:00 백 년 전의 집을 재개장한
민 이 청
民藝埕으로

(택시/MRT) 택시 or MRT로 이동

13:00 호텔에서 짐을 찾아 공항으로

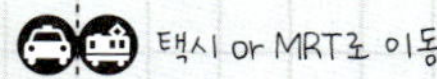

타이베이에 도착하면 우선은 줄이 길게 늘어선 족발집에서 배를 채우자. 오래되었지만 새롭게 주목받고 있는 장소를 산책하며 저녁은 훠궈 뷔페!

14:00

맛있어서 푹 빠지는 초 인기 족발집

푸 바 왕 주 자 오 지 핀 찬 팅
富霸王豬腳極品餐廳

상점가인 쓰핑제양광상취안(四平街陽光商圈) 안에 있는 초 인기 족발 가게. 메인은 허벅지살 요리인 바왕자오커우(霸王腳扣), 넓적다리 관절 요리인 바왕투이제(霸王腿節), 족발 요리인 바왕투이티(霸王腿蹄)의 3가지로, 가장 인기 있는 바왕자오커우는 개점 후 약 30분 만에 매진될 정도. 달콤 짭짤한 양념에 조린 고기는 감칠맛이 가득해 또 먹고 싶어지는 일품이다. 돼지 냄새도 안 나니 꼭 먹어 보길!

MAP P.117 F-3 송장난징(松江南京)

南京東路二段115巷20號 ☎ 02-2507-1918 ⏰ 11:00~20:00 休 일요일, 두 번째·네 번째 월요일 💳 불가능 🚇 MRT 송장난징(松江南京) 역 7번 출구에서 도보로 약 3분

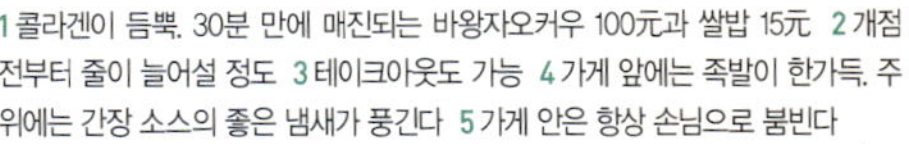

1 콜라겐이 듬뿍. 30분 만에 매진되는 바왕자오커우 100元과 쌀밥 15元　2 개점 전부터 줄이 늘어설 정도　3 테이크아웃도 가능　4 가게 앞에는 족발이 한가득. 주위에는 간장 소스의 좋은 냄새가 풍긴다　5 가게 안은 항상 손님으로 붐빈다

여성 회사원과 주부로 붐비는 상점가로

四平街陽光商圈
쓰 핑 제 양 광 상 취 안

타이베이를 대표하는 오피스가에 있는 상점가. 잡화부터 옷, 음식까지 다양한 가게가 있으며 여성 회사원을 상대로 한 가게가 많아서 야시장의 낮 버전 같은 분위기. 메인 스트리트인 쓰핑제(四平街)는 오후 12~19시까지 보행자 천국을 실시 중. 그밖에도 종횡으로 샛길이 나 있어 그 사이의 가게를 구경하며 걷기만 해도 재미있다.

MAP P.117 F-3 송장난징(松江南京)
🏠 쓰핑제(四平街) 🕐 11:00~19:00경 休 가게에 따라 다름 📷 불가능 🚇 MRT 송장난징(松江南京) 역 7번 출구에서 도보로 약 3분

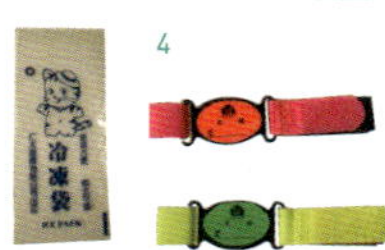

1 메인 거리 2·3 생활 잡화가 늘어선 20元 숍 4 주스를 넣은 얼음을 만드는 냉동 주머니와 도시락을 묶는 도시락 벨트, 모두 20元 5·6 선택한 재료를 조려 주는 루웨이(滷味) 가게도. 속 재료는 각각 10~50元. 점심에는 줄이 늘어서기도

들를 만한 곳

쓰핑제(四平街)의 메인 거리를 지나 이통제(伊通街)를 향해 걸으면 왼쪽에는 서민 시장인 지엔궈스창(建國市場, MAP P.114 A-3)이, 고기와 생선, 채소 등을 늘어놓고 팔아 타이완 식문화를 볼 수 있다. 아늑한 분위기라 관광객도 둘러보기 좋다.

Route
2

멋진 타이베이 예술을 접하자

화 산 원 창 위 안 취
華山文創園區

1900년대의 주조 공장이었던 곳을 2009년에 예술·
이벤트를 위한 공간으로 재개장. 넓은 부지 내에는 라
이브와 무대 등의 이벤트와 전시회가 열리며 센스가
좋은 가게와 카페 레스토랑도 영업 중. 오래된 건물과
최첨단의 예술이 융합된 독특한 장소로 현지인들에게
휴식처 같은 장소가 되었다.

MAP P.121 F-1 타이베이(台北) 역 주변
🏠 八德路一段1號 ☎ 02-2358-1914 🕐 가게에 따라 다름 🈺
없음 💳 가게에 따라 다름 🚇 MRT 중샤오신성(忠孝新生) 역 1번
출구에서 도보로 약 10분

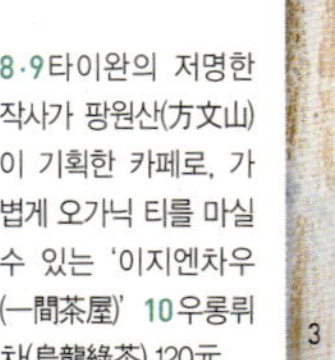

8·9타이완의 저명한
작사가 팡원산(方文山)
이 기획한 카페로, 가
볍게 오가닉 티를 마실
수 있는 '이지엔차우
(一間茶屋)' 10우롱뤼
차(烏龍綠茶) 120元

1·2역사가 느껴지는 건물. 야외는 24시간 개방
3타이완 요리를 뷔페로 먹을 수 있는 '칭예신르
어위안(青葉新樂園)' 4이탈리안 레스토랑 'ALCI
CCHETTO 이미엔팡샤오지우관(義麵坊小酒館)'

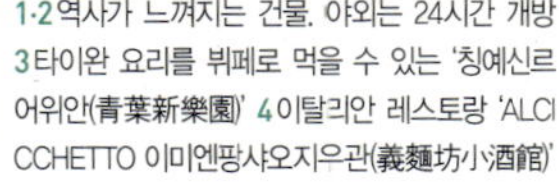

5·61층은 레스토랑, 2층은 잡화점인 '하오양
쓰웨이(好樣思維) VVG Thinking' 7아이스 밀
크티, 바나나 케이크 각 200元

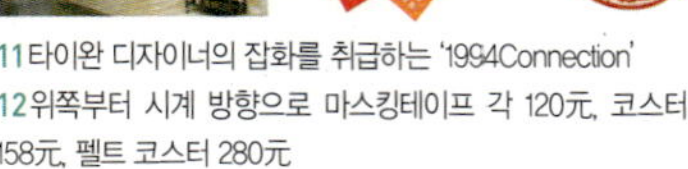

11타이완 디자이너의 잡화를 취급하는 '1994Connection'
12위쪽부터 시계 방향으로 마스킹테이프 각 120元, 코스터
158元, 펠트 코스터 280元

타이완 훠궈로 배를 채우자!

馬辣頂級麻辣鴛鴦火鍋
마 라 딩 지 마 라 위 안 양 훠 궈

신선한 재료와 다양한 종류로 평판이 높은 훠궈(火鍋) 뷔페. 2014년 3월에 오픈한 푸싱(復興)점에서는 직원이 냄비의 식재료를 자리까지 가져오는 시스템. 냄비의 육수는 마라마라(馬辣麻辣) 훠궈, 동베이쏸차이(東北酸菜) 훠궈 등 4가지 중에서 선택할 수 있고 재료는 약 75가지. 음료수와 디저트도 뷔페로 2시간 즐길 수 있다.

MAP P.118 B-1 동취(東區)

🏠 復興南路一段152號 4F ☎ 02-2772-7678 🕐 11:30~익일 5:00(LO 2:00) 休 없음 🚫 불가능 🚇 MRT 중샤오푸싱(忠孝復興)역 1번 출구에서 도보로 약 1분

1 하겐다즈 아이스크림이 8가지! 마음껏 먹어도 된다
2 계절에 맞는 신선한 주스도 준비

3 과일과 직접 만든 디저트도 준비 4 넓은 실내 5 소스의 토핑은 약 20가지
6 2시간 뷔페와 음료수 뷔페는 평일은 16시까지 1인 498元, 16시 이후에는 598元, 휴일은 종일 598元(서비스료 10% 별도)

Route
2

둘째 날 아침은 일찍 일어나서 밥을 먹으면서 아침 시장으로. 멋진 카페가 모여 있는 캉칭롱부터 학생의 거리인 공관까지 발길을 뻗어서 지역에 빠져 보자.

8:30

1 단빙 20元. 크레이프 같은 밀가루 반죽으로 달걀 프라이와 파를 만다 2·3 달콤한 티엔더우장(甜豆漿) 20元과 샤오빙지아요탸오(燒餅夾油條) 30元. 그대로 두유에 적셔 먹어도 좋다

현지인도 줄서서 먹는 맛있는 아침을

산 터 우 신 시 엔 더 우 장 디 엔
汕頭新鮮豆漿店

2015년에 창업 60주년을 맞는 두유 가게. 이전에는 중정지니엔탕(中正紀念堂) 근처에 있었지만 2013년에 후저우제(湖州街)라는 길가로 이전. 맛은 그대로이며 더욱 깨끗해졌다. 두유는 물론 단빙(蛋餅) 등 신선한 소재와 손으로 만들어 매우 뜨거운 맛을 맛보자!

MAP P.121 E-3 캉칭롱(康青龍)

🏠 潮州街35號　☎ 02-2392-1915　🕐 5:30~12:30　休 없음　💺 불가능　🚇 MRT 구팅(古亭) 역 6번 출구에서 도보로 약 3분

가게 앞 작업대에서 반죽을 미는 모습을 볼 수 있다. 기다리는 동안도 지루하지 않다

10:00

활기가 넘치는 식품이 메인인 아침 시장으로

동 먼 스 창
東門市場

진산난루(金山南路)를 사이에 두고 동먼스창(東門市場)과 동먼와이스창(東門外市場)으로 나뉘는 대규모 시장. 1928년에 세워진 곳으로 함석지붕 등 당시 모습이 지금도 남아 있다. 식품이 메인으로 영업 시간은 가게마다 다르지만 아침 6시~오후 1시경까지다. 미로 같은 길을 따라 걸으며 타이베이의 부엌을 만끽하자.

1 동먼와이스창(東門外市場) 입구 2 아침부터 붐비는 시장의 모습. 식사도 가능한 가게가 많다 3 생선이 빽빽히 진열되어 있는 생선 가게 4 과일 가게에는 수확한 과일이 가득. 그밖에도 고기, 채소, 건어물, 나물 가게 등도 있어서 타이완 사람들의 일상생활을 엿볼 수 있다

MAP P.121 E-3 캉칭롱(康青龍)

🏠 信義路二段81號　☎ 없음　🕐 6:00~13:00경　休 없음(월요일에 쉬는 가게가 많음)　💺 불가능　🚇 MRT 동먼(東門) 역 2번 출구에서 도보로 약 2분

1 어쩐지 그립고 안락한 공간 2 테라스로 통하는 복도. 마루를 보호하기 위해 가게 안에서는 꼭 양말을 착용. 유료 양말도 준비되어 있다 3 저즈춘(蔗之醇) 180元. 사탕수수 주스에 드립 커피를 넣어 먹는 독특한 오리지널 음료수 4 타이동(台東)의 초상(池上)산 유기농 현미로 만든 젤라토에 에스프레소를 뿌려 먹는 록아이스 90元 5 잉어가 헤엄치는 정원 6·7 마지막 주인이었던 지질학자 마(馬) 교수의 사진과 자료도 전시

정취 있는 일본 가옥의 카페 레스토랑

칭티엔치리우

青田七六

일본 강점기 시절에 일본인 대학 교수가 거주 목적으로 지은 일본 가옥을 카페 레스토랑으로 개조. 식당과 서재, 아이 방 등 당시의 분위기를 남겨 둔 공간으로 일식과 양식이 절충된 요리가 맛있다. 식사 메뉴는 칭티엔수이자오쯔(青田水餃子) 정식 20元 등의 정식 스타일.

MAP P.121 F-4 캉칭롱(康青龍)

🏠 青田街7巷6號 ☎ 02-2391-6676 🕐 11:30~14:00(LO 13:30), 14:30~17:00, 17:30~21:00(LO 20:00) 休 첫 번째 월요일 💳 가능 🚇 MRT 동먼(東門) 역 5번 출구에서 도보로 약 10분

들를 만한 곳

일본 강점기 시절 기숙사 '요산지아위안(油杉家園, MAP P.121 E-4)도 바로 옆이다. 일주일 전에 예약하면 매주 화요일 오후에 견학할 수 있다.

Route
2

소박한 타이완 가정 요리에 마음이 짠해진다

펑 성 스 탕

豊盛食堂

하카족(客家族)의 일반 가정 요리가 메인. 검소하다고 알려진 하카족의 요리는 볶음 요리가 많고 진한 맛이 특징이지만 이곳은 재료의 맛을 살렸다. 선도를 중시해 그날 들어온 계절 식재료만을 계산대 옆에 진열한다. 그것을 보면서 주문하는 시스템이지만 벽에는 사진이 있는 메뉴가 있으니 안심이다.

MAP P.121 F-3　캉칭롱(康青龍)

☎ 麗水街1-3號 ☎ 02-2396-1133 ⊙ 11:30~14:00, 17:C0~21:00 休 없음 ▨ 가능 MRT 동먼(東門) 역 5번 출구에서 도보로 약 5분

1 왼쪽 뒤부터 시계 방향으로 바지락 마늘 스프인 하짜이쏸터우탕(蛤仔蒜頭湯) 200元, 닭을 소금으로 간해서 조린 바이잔투지(白斬土鷄) 300元, 차오수이리엔(炒水蓮) 120元, 흰 밥(돼지기름을 뿌린 밥) 20元, 펑리샤치유(鳳梨蝦球) 200元 **2** 하카족만의 독특한 꽃무늬 천이 귀엽다 **3** 그날의 주문 가능한 식재료가 계산대에 진열되어 있다

오래 머무르고 싶은 카페를 발견!

얼 위 에 카 페 이

貳月咖啡

독서를 좋아하는 주인이 천천히 책을 읽으며 지내고 싶어 시작한 안정된 분위기의 카페. 가게 안 책장에는 직원이 선택한 책이 놓여 있다. 디저트는 모두 직접 만든 것으로 시폰 케이크는 매일 바뀐다. 카페에는 놀랍게도 식사 메뉴로 면 요리도 준비되어 있다.

MAP P.121 F-4　캉칭롱(康青龍)

☎ 青田街13-1號1樓 ☎ 02-2391-3376 ⊙ 11:00~19:00 休 일요일 ▨ 불가능 MRT 동먼(東門) 역 5번 출구에서 도보로 약 11분

1 나뭇결이 살아 있는 따뜻한 분위기의 가게 안은 테이블 사이가 넓어서 마음이 편해진다 **2** 직접 만든 시폰 케이크(초콜릿) 100元, 아이스 커피 170元 **3** 유기농으로 재배한 과일을 사용해 직접 만든 잼도 판매하고 있어 선물하기 좋다

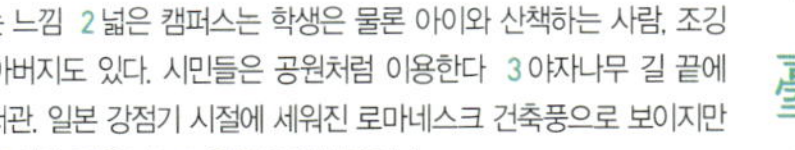

1 메인 스트리트인 야자수 길. 야자수가 늘어서 있어 이거야말로 남국의 대학교라는 느낌 2 넓은 캠퍼스는 학생은 물론 아이와 산책하는 사람, 조깅하는 할아버지도 있다. 시민들은 공원처럼 이용한다 3 야자나무 길 끝에 있는 도서관. 일본 강점기 시절에 세워진 로마네스크 건축풍으로 보이지만 잘 보면 동서양 절충식으로 창문은 일본풍이다

시민의 휴식 공간으로 인기인 캠퍼스를 산책

타 이 완 다 쉐

臺灣大學

타이베이 사람들의 일상을 들여다볼 수 있는 숨겨진 장소가 바로 1928년에 세워진 국립 타이완대학이다. 명문 학교지만 한가로운 분위기로 산책하는 현지인도 많다. 부지가 꽤 넓어서 건물 이동은 주로 자전거로 한다. 역사가 있는 건물 견학이나 농학부 특제의 신선한 우유를 사용한 아이스크림도 잊지 말고 체크하자.

MAP P.122 C-3 공관(公館)

🏠 羅斯福路四段1號 🚇 MRT 공관(公館) 역 3번 출구에서 도보로 약 1분

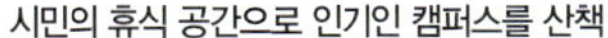

▶안내판도 있어서 산책하기 편하다. Youbike(P.109)에서 자전거를 빌리자

육즙이 가득한 수세미오이 샤오롱바오(小龍包)에 감동!

수 항 디 엔 신 디 엔
蘇杭點心店

서민의 사랑을 받고 있는 1967년에 창업한 수제 딤섬으로 유명한 가게. 간판 메뉴는 수세미와 새우 샤오롱바오. 녹색 수세미오이가 투명하게 보일 정도로 얇은 피에는 속과 육즙이 가득. 단 수세미오이와 새우의 균형이 절묘해서 식감이 즐겁다. 인기 상품인 쑤빙(酥餠)은 식어도 맛있어서 테이크아웃도 괜찮다.

MAP P.121 D-4　중정지니엔탕(中正紀念堂)
羅斯福路二段14號　☎ 02-2394-3725
🕐 11:00~20:30　休 없음　불가능
MRT 구팅(古亭) 역 7번 출구에서 도보로 약 5분

1 쓰과샤런탕바오(絲瓜蝦仁湯包) 8개 210元　2 고기와 토란 파이 만주 40元　3 파 파이 만주 15元　4 참깨 팥 파이 35元　5 유부를 넣은 녹두국수 100元　67가지의 파이는 가게 앞에서 테이크아웃도 가능. 단 인기 상품은 매진되기도

싸고 귀여운 옷가게가 많은 야시장

스 다 예 스
師大夜市

국립 타이완사범대학 근처의 야시장. 싸고 예쁜 가게와 멋진 패션 잡화점이 연이어 늘어서 있다. 최근에는 소음 문제로 규모는 작아지고 있지만 사람들의 발걸음이 끊이지 않는 분위기. 성지엔바오(生煎包)를 파는 '리아이수이지엔바오(李阿姨水煎包)'와 다양하고 풍부한 크레이프 가게 '아슈(阿諸)' 등의 가게도 놓치지 말자.

MAP P.122 B-1　스다루(師大路)
롱취안제(龍泉街) ~ 스다루(師大路)　🕐 저녁~익일 1:00경　休 없음
불가능　MRT 타이띠엔다로우(台電大樓) 역 3번 출구에서 도보로 약 5분

마지막 날은 시장 근처의 유명한 가게로 가자. 마지막은 복고풍 분위기의 카페와 잡화점에서 즐거운 여행의 추억을 되돌아보자.

9:00

◀ 동네 식당 분위기의 노점. 주인이 솜씨 좋게 손님을 모은다. 간판 메뉴 미펀탕(米粉湯) 35元. 청새치 지방을 푹 고운 수프가 맛있다. 미펀(면)은 탄력이 좋아 후루룩 잘 넘어간다.

명물 미펀으로 후다닥 아침을

민 르 어 치 위 미 펀 탕
民樂旗魚米粉湯

노란색 간판이 눈에 띄는 유명한 노점. 명물인 미펀탕은 청새치를 넣어 깊은 맛이 난다. 대부분의 손님이 주문한다. 생강과 매운 양념장을 넣은 사박사박한 자홍샤오로우(炸紅燒肉/小) 50元도 꼭 맛보길.

MAP P.116 C-3 디화제(迪化街)
🏠 民樂街3號 🕐 6:00~12:30 休 없음 💳 불가능 🚇 MRT 중산(中山) 역 2번 출구에서 도보로 약 14분

10:00

단골손님이 많은 오래된 가게의 찰밥(지에밥)

린 호 어 꽈 요 판 궈 디 엔
林合發油飯粿店

1894년에 창업한 인기 요판(油飯, 지에밥) 가게. 오랫동안 용르어(永樂) 시장에서 운영하다 바로 근처 길가로 자리를 옮겼다. 아래 사진은 요판 한 팩(600g) 90元, 지투이(鷄腿) 70元, 홍단(紅蛋) 10元.

MAP P.116 C-3 디화제(迪化街)
🏠 延平北路二段50巷16號 ☎ 02-2559-2888 🕐 7:30~12:00 休 부정기적 💳 불가능 🚇 MRT 중산(中山) 역 2번 출구에서 도보로 약 15분

멋진 공간에서 조용한 시간을 보내자

민 이 청
民藝埕

무역 거리로 번영하던 디화제답게 수입품과 동서양이 절충된 분위기를 콘셉트로 한 잡화점 겸 카페. 1층에서는 일본인과 타이완인 작가의 도기와 잡화 등을 취급하고 안쪽에는 카페와 바가 있다. 2층의 찻집에서는 타이완의 차는 물론 아시아와 서양의 차를 즐길 수 있다. 1920년대 인테리어로 꾸민 멋진 가게 안에서 여행의 추억을 되새겨 보는 건 어떨까?

MAP P.116 B-3 디화제(迪化街)
🏠 迪化街一段67號 ☎ 02-2552-1367 🕐 찻집 11:00~19:00, 숍 10:00~19:00, 카페 일~수 10:00~19:00, 목~토 10:00~23:00 休 설날 💳 불가능(1층 숍은 가능) 🚇 MRT 중산(中山) 역 1번 출구에서 도보로 약 15분 URL www.artyard.tw

11:00

1 2층에 있는 찻집은 복고풍 분위기 **2·3** 샤오롱바오 모양의 조미료 통. 차도 구입 가능 **4** 차 세트 280元(1인분). 건조 과일도 함께 나온다

Route 2

편리하고 즐거운 편의점에 가자

우리나라처럼 24시간 영업하며 무엇이든 살 수 있는 편의점. 타이완 한정 음식과 음료수를 확인해 보자.

1 차예단(茶葉蛋) 1개 8元. 집게로 집어 비닐봉지에 담아 계산대로 **2** 여러 가지 과자들

이런 것들을 팔고 있어요

'농허우시(濃厚系)'의 밀크티(왼쪽)와 매실 드링크 '치유야(秋雅)'(오른쪽) 각 28元

망고 우유(왼쪽), 파인애플&오렌지 주스(오른쪽) 각 35元

뜯기 전에 면을 부수고 분말가루를 뿌려 먹는 크어쉐미엔(科學麵). 한 봉지에 10元

끓인 물을 버린 후 소스를 뿌려 국물 없이 먹는 타입. 웨이리자장미엔(維力炸醬麵) 18元

통이로우차오미엔(統一肉操麵) 18元. 타이완에서 가장 인기 있는 즉석 라면

구운 파가 들어간 매콤한 인스턴트 뉴로우미엔(牛肉麵). 총샤오뉴로우미엔(蔥燒牛肉麵) 18元

캐러멜 상자에 타이완의 관광명소 그림이. 모리나가 밀크 캐러멜 뉴나이탕(牛奶糖, 4상자) 48元

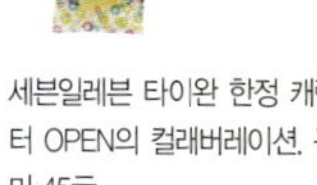

세븐일레븐 타이완 한정 캐릭터 OPEN의 컬래버레이션. 구미 45元

기본적인 일상용품도 판다. OPEN의 휴대용 칫솔세트 35元

3 먹고 갈 수 있는 공간도 있어 식당 같다 4 카운터 석

패밀리 마트
Family Mart

세 븐 일 레 븐
SEVEN ELEVEN

하 이 라 이 프
HI-Life

차의 당도 구별 방법

편의점에서 파는 차는 기본적으로 설탕이 들어 있으므로 무당을 마시고 싶다면 포장지를 확인하고 '無糖(무당)'이라고 적힌 것을 고른다.

목표를 정하고 공략하는

테마별 루트

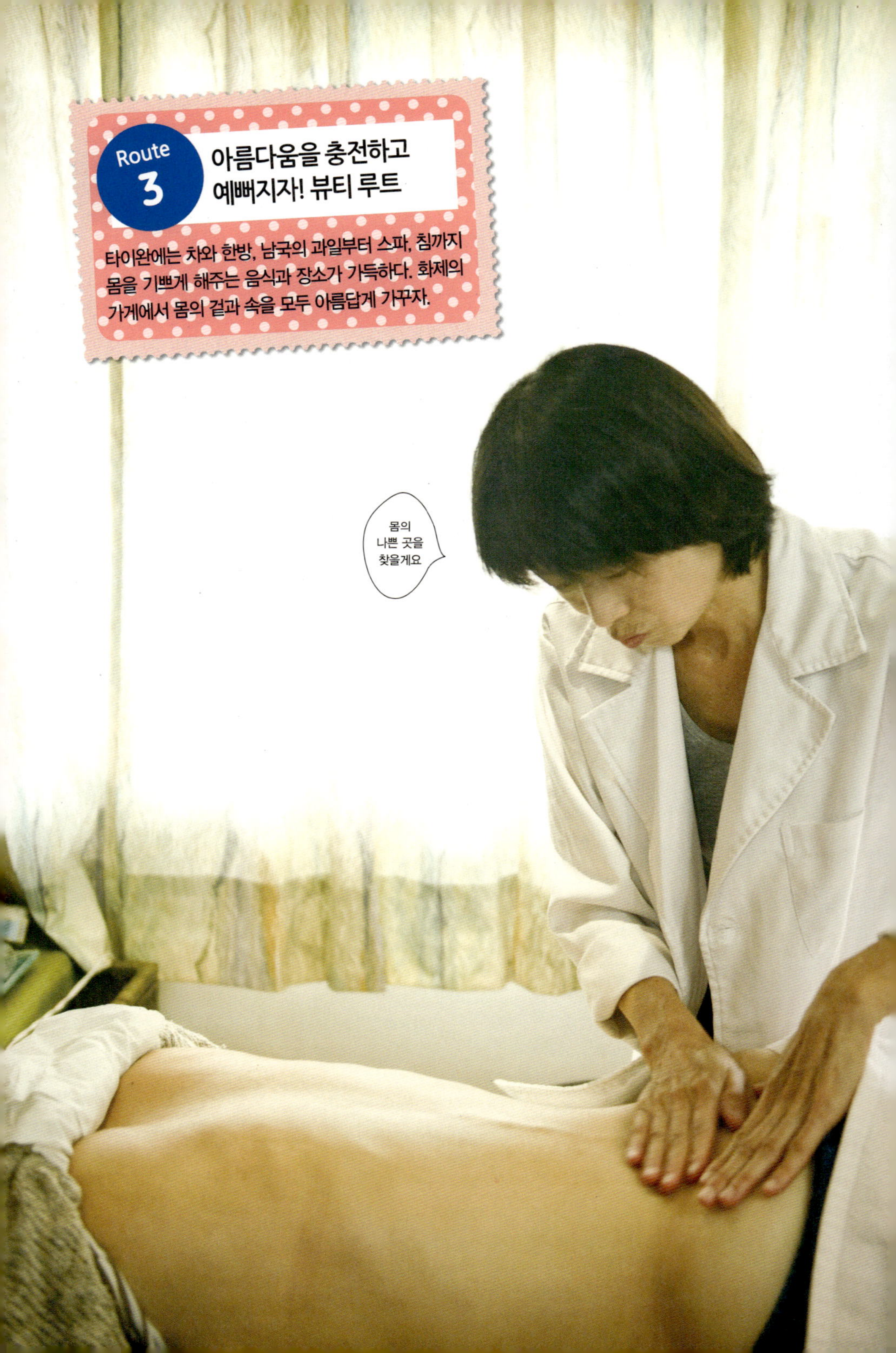

Route
3

아름다움을 충전하고
예뻐지자! 뷰티 루트

타이완에는 차와 한방, 남국의 과일부터 스파, 침까지
몸을 기쁘게 해주는 음식과 장소가 가득하다. 화제의
가게에서 몸의 겉과 속을 모두 아름답게 가꾸자.

몸의
나쁜 곳을
찾을게요

Schedule

DAY 1

11:00 타이베이 도착!

🚌🚈 리무진 버스 or MRT로 이동

13:30 호텔에 체크인

🚈 MRT로 쏭샨지창(松山機場) 역으로   (런치도 가능)

14:00 지샹차오 吉祥草의 따끈한 우롱차 한잔

🚈 MRT로 궈푸지니엔관 (國父紀念館) 역으로   이동 시간 약 16분

15:30 미스터 헤어 mr.hair에서
나만의 샴푸를 만들자

중샤오둔화(忠孝敦化) 역까지 이어지는 멋쟁이 거리를 돌아보기

🚕 택시로 7분

18:00 저녁밥은 鷄窩의 콜라겐이
듬뿍 든 국!

🚈 MRT로 지엔탄(劍潭) 역으로   이동 시간 약 34분

19:30 단단즈이 丹丹指藝에서 네일 케어 받는
김에 야시장 구경

스린예스(士林夜市, P.16)에서 둘러보며 쇼핑   (발 마사지도 가능하다!)

DAY 2

8:30 지싱강스인차 吉星港式飲茶의 죽으로
하루를 스타트!   (식사 후 썬린공위안 (森林公園)을 산책)

도보로 약 13분

11:00 티엔진제미타이무 天津街米苔目의 빙수로 디저트

도보로 약 2분

11:30 벌꿀 화장품 전문점 취안파펑미 泉發蜂蜜로

🚕 택시로 11분

11:40 부디 스파 Bodish SPA에서 최고의
스파 체험

🚕 택시로 10분

13:00 양신차로우수스인차 養心茶樓蔬食飲茶에서
채식으로 점심!

🚈 MRT로 타이베이(台北) 역으로   이동 시간 약 17분

14:30 드럭 스토어에서 화장품 쇼핑
예를 들면 코스메드 COSMED와 왓슨스 Watsons

도보로 약 2분

아위안(阿原)에서 천연 비누 구입

🚈 MRT로 산다오쓰(善導寺) 역으로   이동 시간 약 13분

16:30 티엔흐어시엔우 天和鮮物의 디톡스 드링크로

🚈 MRT로 동먼(東門) 역으로   이동 시간 약 25분

17:30 장신비신 薑心比心의 생강 화장품을 체크

그대로 캉싱롱(康青龍) 지역을 둘러보기

🚈 MRT로 치옌(奇岩) 역으로   이동 시간 약 42분

19:00 저녁 식사는 쑨양정디엔 孫羊正店의
훠궈로 피부가 매끈매끈

🚕 택시로 약 11분

20:30 온천 스파 베이터우징황밍탕 北投青磺名湯에서
휴식

DAY 3

(종류도 다양)

8:00 타이베이뉴루다왕 台北牛乳大王의 주스로 잠에서 깨자!

🚈 MRT로 솽리엔(雙連) 역으로   이동 시간 약 6분

솽리엔스창(雙連市場, MAP P.117 D-2)에서
활기찬 아침 시장을 즐기자

🚈 MRT로 송장난징(松江南京)으로   이동 시간 약 20분

10:30 화윈탕 華雲堂에서 예뻐져서 돌아가자

🚕🚈 택시 or MRT로 이동

13:00 호텔에서 짐을 찾아 공항으로

 우선은 클래식한 복고풍의 다예관에서 배를 채우자. 샴푸 만들기에 도전한 후 손톱을 예쁘게 꾸민 후 붐비는 야시장으로!

14:00

향이 좋은 우롱차와 점심으로 속을 뜨끈뜨끈하게

지 샹 차 오
吉祥草

주택가에 조용히 자리 잡은 다예관(茶藝館). 차뿐만 아니라 식사도 즐길 수 있는 가게로 특히 점심이 인기이다. 돼지고기 볶음 정식 180元 등의 메뉴가 있다. 차 마시는 방법을 잘 모르는 사람에게도 친절하게 설명해 준다. 주전부리 종류도 풍부해서 건조 과일과 쿠키 등 좋아하는 것을 고를 수 있다.

MAP P.115 D-2 푸진제(富錦街)
🏠 富錦街114號 ☎ 02-2718-7035 🕐 11:00 ~24:00 休 없음 💳 불가능 🚇 MRT 쏭샨지창(松山機場) 역 3번 출구에서 도보로 약 9분
URL www.facebook.com/BuddaTeaHouse

1 둥딩우롱차(凍頂烏龍茶) 180元 2 나무가 울창하다 3 파인애플 케이크 3개 100元(왼쪽), 크랜베리 한 접시 100元(오른쪽)

주전부리

4·5 복고풍 분위기가 감도는 가게 안. 여러 스타일의 방이 있으며 다다미 스타일도 있다. 차는 모두 자가 배전

15:30

샴푸 DIY에 도전
미 스 터 헤 어
mr.hair

타이완발 헤어 케어 브랜드. 가게 안에는 헤어 케어 아이템이 죽 진열되어 있지만, 여기서는 샴푸 DIY에 도전! 베이스가 되는 샴푸에 좋아하는 향과 색을 넣어서 자신만의 오리지널 샴푸(200ml) 200元를 만들자.

MAP P.119 D-2 동취(東區)
🏠 光復南路280巷23號 ☎ 02-2711-9737
🕐 일~목 12:30~21:30, 금·토 12:30~21:45
休 설날 💳 가능 🚇 MRT 궈푸지니엔관(國父紀念館) 역 2번 출구에서 도보로 약 2분

펌프로 만드는 거품으로 씻자. 버블 샴푸 420元

에센셜 스타일링 크림 250元

1 색과 향을 입히는 바. 향은 라벤더와 장미 등 10가지 2 샴푸 색은 샘플을 참고. DIY용 샴푸도 모발에 따라 종류가 다르므로 상담해 보길

나의 샴푸 만드는 방법

모발에 맞는 샴푸를 선택하면 샘플을 참고하여 향을 선택

향을 주입. 트리트먼트(280元)에는 다른 향을 넣어도 OK

모발을 손상시키지 않는 식용 색소로 색을 낸다. 7가지 중 선택, 무색도 가능

병을 잘 흔들면 완성! 가지고 갈 때는 새지 않도록 잘 포장해 준다 완성

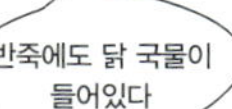

18:00

닭 국물로 콜라겐 주입~!

鶏窩
지 워

신선한 토종닭을 하루 종일 고아 말린 조개류와 족발을 넣어 12시간을 더 고아 만든 국물을 한 술 뜨면 깊은 맛이 입안에서 퍼진다. 닭고기는 뼈와 살이 떨어질 정도로 부드럽다. 콜라겐 막이 떠 있는 국물을 마시면 다음 날은 피부가 매끈매끈! 소(1~2인분) 660元

MAP P.118 C-3 신이(信義)
🏠 敦化南路二段81巷63號 ☎ 02-2704-3038
🕐 11:30~14:00(LO 13:30), 17:30~21:00(LO 20:30) 休 설날 💳 가능 🚇 MRT 신이안흐어(信義安和) 역 2번 출구에서 도보로 약 6분

뚝배기에 들어 있는 지워사 궈투지탕(鶏窩砂鍋土鶏湯) 소 360元. 1~2인분용

1 가게 모습. 룸도 있다 **2** 진사샤런(金沙蝦仁) 소 20元 **3** 지즈총빙(鶏汁蔥餅) 70元 **4** 샹건주로우쓰(香根豬肉絲) 소 120元. 지즈총빙에 말아서 먹자

19:30

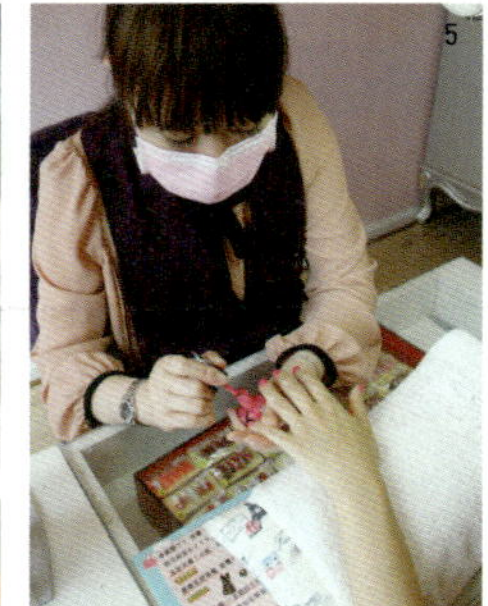

합리적인 가격의 네일 숍에서 손끝 케어

丹丹指藝
단 단 즈 이

도쿄에서 네일 아트를 배웠다는 점장 Pinky 씨. 추천 메뉴는 700元부터 시작하는 젤 네일. 또 매달 바뀌는 지정 네일 아트는 299元으로 저렴하다. 붐비는 날도 있으므로 예약하는 편이 좋다.

1·4 핑크를 기본으로 꾸민 가게 안 **2** O. P. I 매니큐어가 즐비 **3** 칩 샘플도 많이 준비되어 있다 **5** 합리적인 가격에 친절한 서비스

MAP P.113 E-2 스린(士林)
🏠 士林區文林路132號 4F ☎ 02-2882-5566 🕐 14:00~23:00(젤 네일은 21:00, 네일은 22:00까지 온 사람만) 休 설날 💳 불가능 🚇 MRT 지엔탄(劍潭) 역 1번 출구에서 도보로 약 6분 **URL** www.facebook.com/dandan.nailart

네일 케어를 받은 후에는

스린예스(士林夜市, P.16)로

네일 숍에서 나온 후 걸어가면서 야식과 디저트, 과일을 맛보자! 발 마사지 가게도 있으니 그곳에서 하루의 피로를 푸는 것도 추천

Route 3

타이완이 아니면 맛볼 수 없는 아침죽으로 스타트. 메이드 인 타이완 디저트를 먹으며 화장품 쇼핑도 하고, 화제의 가게들을 돌아보자.

8:30

아침 식사는 24시간 영업하는 인차디엔(飮茶店)에서 죽을

吉星港式飲茶
지 싱 강 스 인 차

7:00~10:30에는 아침 한정 세트 메뉴가 좋다. 140元이던 피단(皮蛋)과 돼지고기 죽, 생선을 넣은 죽이 60元, 90元이던 딤섬(點心)이 30元, 달걀프라이 등 한 접시 음식, 커피 등의 음료수는 10元으로 평소보다 싸다. 세트 메뉴에는 없지만 생강맛이 도는 새우 죽 140元도 추천!

MAP P.117 E-4　중산(中山)

南京東路一段92號 2F　☎ 02-2568-3378　🕐 24시간　休 없음　💳 가능　🚇 MRT 중산(中山) 역 3번 출구에서 도보로 약 12분　URL www.citystar.com.tw

창가석의 자리에서는 썬린공위안(森林公園)의 나무를 내려다볼 수 있어 기분이 좋다

1 3가지 종류의 튀긴 딤섬 100元　2 다건빙(大根餠) 70元　3 총화자량창펀(蔥花炸兩腸粉) 100元

시엔샤런쩌우(鮮蝦仁粥). 가리비로 국물을 내어 깊은 맛

부드러운 고기에 피단이 특징인 피단쇼우로우쩌우(皮蛋瘦肉粥)

인기 베스트 3

아침 세트라면 샤오마이(燒麥)를 30元에!

10:00

디저트는 절품의 건강한 빙수

天津街米苔目
티 엔 진 제 미 타 이 무

점심에는 현지인들로 붐비는 미타이무(米苔目, 쌀면) 가게지만 숨겨진 인기 메뉴는 좋아하는 토핑 4가지를 선택할 수 있는 헤이옌탕(黑岩糖) 빙수(45元). 첨가물을 전혀 넣지 않고 만들어 부드럽고 달콤하다. 바로 매진되기 때문에 오전 중에 방문하자!

MAP P.117 E-4　중산(中山)

中山北路一段121巷15-1號　☎ 02-2521-2511　🕐 9:00~19:00　休 토·일, 설날　💳 불가능　🚇 MRT 중산(中山) 역 3번 출구에서 도보로 약 7분

▲선대는 빙수 노점상으로 시작, 식사 면을 시작한 2대째(현재 사장) ◀레시피는 문외불출로 사장만 안다

大紅豆
다 홍더우
큰 팥은 많이 달지 않다

黑糖粉粿
헤이탕펀커
말랑말랑한 흑설탕 젤리

米苔目
미타이무
쫀득한 식감의 쌀 면

芋頭
위터우
부드럽고 달콤한 타로 고구마

벌꿀을 사용한 화장품을 체크

^{취 안 파 펑 미}
泉發蜂蜜

타이완에서 100년에 가까운 역사를 가진 오래된 벌꿀 가게. 타이완산 100% 천연 벌꿀을 사용하여 식용부터 스킨케어 용품까지 100여 가지 이상의 제품을 만든다. 신진대사를 활발하게 하고 미백, 주름 개선, 피로회복 등에 효과가 있다는 로열젤리 1800元과 로열젤리를 배합한 오리지널 화장품이 인기가 많다.

MAP P.117 E-3 중산(中山)
🏠 民生東路一段26號 ☎ 02-2563-3623 🕐 10:00~22:00 ㉮ 없음 🎫 가능 🚇 MRT 쏭리엔(雙連) 역 1번 출구에서 도보로 약 6분 URL www.cfhoney.com

▲벌집 모양의 디스플레이. 이곳의 상품은 타이완에서는 결혼식 답례품으로도 인기가 많다 ▶가게 입구에는 벌꿀을 사용한 음료수도 판매. 피부에 좋은 사과식초(M)는 45元

1

2

3

4

5

6

7

8

9

1 수제 비누 380元 2 장미 로열젤리 오일 980元 3 벌꿀과 바다 소금 스크럽 380元 4 화장수 880元 5 에센스 1680元 6 재스민 꽃 오일(소) 380元 7 올인원 크림 1580元 8 립크림 150元 9 헤어 오일 680元

⌄ 11:40

체질에 맞춰서 케어해 주는

^{부 디   스 파}
Bodhi SPA

한방의학과 경락, 아로마 테라피를 조합한 독자적인 요법이 호평. 심신 릴랙스 코스 3200元(70분)은 특수한 기계로 체내 경락을 체크하고 건강 상태를 이극오행(二極五行)으로 분류. 개인의 심신 상태에 맞춰서 시술에 사용하는 오일, 음악, 향을 결정한다.

MAP P.114 C-3 난징동루(南京東路)
🏠 敦化北路155巷8號 ☎ 02-2713-7788 🕐 10:00~20:00 ㉮ 설날 🎫 불가능 🚇 MRT 난징동루(南京東路)역에서 도보로 약 10분 URL bodhispa.com.tw

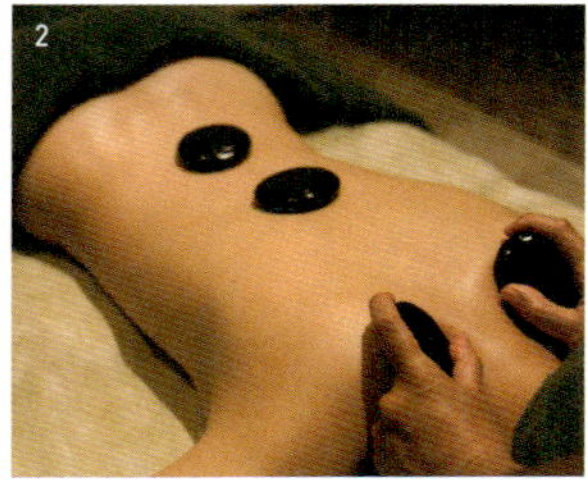

1 가게 안 2 오대계통(五大系統) 보디 케어 코스 1500元(30분) 등 3 건강 상태는 목(木)=면역, 화(火)=순환, 토(土)=소화, 금(金)=호흡, 수(水)=내분비의 5계통으로 나뉜다

Route
3

1가게는 1층 빵집 안쪽의 엘리베이터를 타는 2층에 위치

2·3채식이라고는 생각할 수 없을 정도의 다양한 맛에 놀람

점심은 멋진 채식으로

養心茶樓蔬食飲茶

고민하고 탐구하여 아름답게 만든 여러 요리는 '창작소식(創作素食)'이라는 말이 딱 알맞다. 전채에는 과일 소스가 상큼한 '잣과 치즈가 들어간 채소 롤' 180元(사진 2). 피부에 좋은 식자재가 듬뿍 든 '율무와 수세미 굴 소스 볶음' 280元(사진 3)은 율무와 수제 두부의 푹신한 팥소가 잘 어울린다.

MAP P.117 F-3 중산(中山)

松江路128號 2F ☎ 02-2542-8828 ◷ 런치 11:30~14:30(LO 13:30), 애프터눈 티 14:30~16:30(LO 16:00), 디너 17:30~21:30(LO 20:30) 休 설날 ▭ 가능 MRT송장난징(松江南京) 역 8번 출구에서 바로 URL www.faceb ook.com/yangshin2012

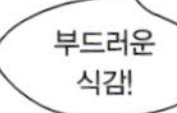

뤄보쓰쑤빙(蘿蔔絲酥餠, 말린 무에 팥소를 넣어 튀긴 떡) 108元

총차오화(蟲草花, 버섯의 종류)의 식감이 즐거운 총차오화의 창펀(腸粉) 128元

위샹쯔파이(芋香子排, 토란과 유부 스테이크) 360元

드럭 스토어에서 화장품 쇼핑

COSMED (P.94), Watsons (P.94)

거리에 있는 드럭 스토어 체인점에는 시트 마스크가 많다. 타이완의 미용 제품은 선물로도 알맞다.

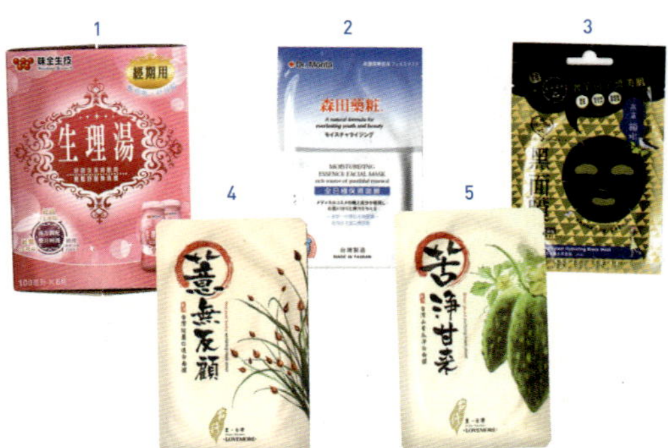

1생리 후에 마시는 한방 사물탕. 성리탕(生理湯, 6개) 370元 2기능성 화장품 브랜드 썬티엔야오쟝(森天藥粧)의 시트 마스크(10개) 150元 3제비집 추출물이 들어간 검은 시트 마스크. 헤이미엔모(黑面膜), 5매) 150元 4타이완산 빨간 율무 성분으로 미백 효과. 시트 마스크(5매) 150元 5타이완산 여주 성분 배합 시트 마스크(5매) 150元

양질의 천연 비누 브랜드

阿原

타이완발 오가닉 비누. 식용으로도 사용 가능한 오일에 양밍산궈지아공위안(陽明山國家公園) 안의 자가 농원에서 기른 무농약 허브를 배합. 20여 가지 이상이 있으며 피부 타입에 따라 고를 수 있다.

MAP P.120 C-1 타이베이(台北) 역 주변

忠孝西路一段66號 9F(신광싼웨(新光三越) 타이베이츠어잔(台北車站) 역 앞 지점 내) ☎ 02-2311-4098 ◷ 일~목 11:00~21:30, 금·토 10:00~22:00 休 없음 ▭ 가능 MRT 타이베이츠어잔(台北車站) 역 M6번 출구에서 도보로 약 5분

수제 화장품을 도매가격으로!

MERU 城乙化工原料

자사 제품은 물론 용기부터 녹두 가루까지 DIY 화장품용 원료와 재료를 싸게 판다. 립스틱은 DIY 키트도 있으니 시도해 보자.

MAP P.116 C-3 타이베이(台北) 역 주변

天水路39號 ☎ 02-2559-6118 ◷ 월~토 8:30~20:00, 일 10:00~18:00 休 없음 ▭ 가능 MRT 타이베이츠어잔(台北車站) 역 M5번 출구에서 도보로 약 13분

디톡스 드링크 '징리탕'으로 육체 정화

<ruby>天和鮮物<rt>티엔흐어시엔우</rt></ruby>

오가닉 슈퍼 '티엔흐어시엔우'의 한편에 있는 주스 코너. 이곳의 '징리탕(精力湯)'은 스푼으로 바로 먹을 수 있는 스무디! 오리지널의 위엔웨이징리탕(原味精力湯, 150元)에는 16가지 재료가 들어 있어 효소가 가득하다. 한잔으로 하루에 필요한 비타민을 보급하므로 미용 효과도 기대할 수 있다.

MAP P.121 E-1 타이베이(台北) 역 주변
北平天東路30號 ☎ 02-2351-6268
🕙 10:00~21:00 休 없음 🅿 가능 🚇 MRT 산다오쓰(善導寺) 역 6번 출구에서 도보로 3분 URL www.thofood.com

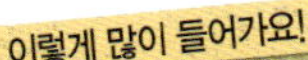
이렇게 많이 들어가요!

계절 채소 4가지, 브로콜리 새싹, 알팔파 새싹, 파인애플, 사과, 당근, 호박씨, 깨, 토란, 맥주 효모, 건포도, 사과 식초, 패션 프루트 소스 등

땅콩과 건과일도 듬뿍 들어가 씹는 재미가 있다!

1 재료를 분쇄해서 섞는다 **2** 앞은 자오쑤징리탕(酵素精力湯), 뒤는 비츠를 넣은 티엔차이건징리탕(甜菜根精力湯), 각 150元 **3·4** 오가닉 상품이 진열되어 있다. 스무디에는 가게 앞의 과일과 채소를 사용 **5** 펑화펀(蜂花粉)도 판매

생강 전문 스킨케어 브랜드

<ruby>薑心比心<rt>장신비신</rt></ruby>

원래 요리사였던 주인이 생강의 효능을 알고 2008년에 시작한 스킨케어 브랜드. 타이완산 생강만을 사용해서 타이베이 근교의 공장에서 만든 상품은 30가지 이상이다. 천연 성분의 향료만 사용하며, 지성 피부로 고민하는 사람에게 특히 추천한다.

MAP P.121 F-3 캉칭롱(康青龍)
永康街28號 ☎ 02-2351-4778 🕙 일~목 10:30~22:00, 금·토 10:30~22:30 休 없음 🅿 가능 🚇 MRT 동먼(東門) 역 5번 출구에서 도보로 5분 URL www.facebook.com/gignertw

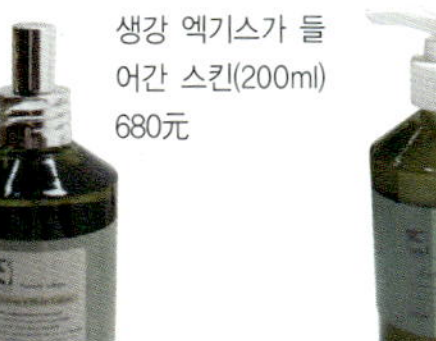
생강 엑기스가 들어간 스킨(200ml) 680元

올리브&생강으로 깨끗해지자. 클렌징 밀크 620元 (200ml)

핸드크림은 430元 (50ml), 모두 5가지

시트 마스크 620元 (5매), 피부 타입별로 2가지가 있다

1 생강 비누 180元 **2** 생강 향이라 씻으면 산뜻하다. 보디샴푸 (500ml) 560元 **3** 피부 관리 제품은 물론, 헤어 관리 제품부터 치약까지 구비하고 있다

Route
3

1 신선한 양고기 세트는 양고기 기름(머리카락에 윤기를 준다!)에 적셔 먹는 국수도 2 가게 안은 우아한 분위기로 시끄러운 도심에서 벗어나 천천히 식사를 즐기자 3 후식은 타이완의 전통 차와 디저트(3ㄱ·지)

저녁은 절품의 전골 요리로 피부가 매끈매끈

쑨 양 정 디 엔
孫羊正店

저녁은 조금 멀리 나가서 교외에 있는 훠궈 전문점으로 가자. 신선한 양고기 세트(1280元+세금, 예약 필요)를 먹자. 양고기 육수, 한방 재료 등을 사용한 국물은 피부 미용에 효과 만점! 채소를 듬뿍 먹을 수 있는 것도 기쁘다. 전골이 메인인 코스 요리는 980元부터, 계절 해물 전골 세트는 1680元+세금(예약 필요).

MAP P.113 D-1　베이터우(北投)
🏠 大業路65巷1弄1號　☎ 02-2897-0762　🕐 11:30~14:30(LO 14:00), 17:30~22:00(LO 21:00)　休 없음　🍴 가능　🚇 MRT 치엔(奇岩) 역에서 도보로 6분　URL www.eatfun.com.tw

베이터우의 온천 거리에서 유유히 온천을 즐기자

베 이 터 우 칭 황 밍 탕
北投靑磺名湯

일본 강점기 시절 때 독일인이 발견한 베이터우(北投) 온천은 칭류(靑硫, 라듐 온천), 바이류(白硫), 티에류(鐵硫)의 3가지 수질을 즐길 수 있는 온천이다. 라듐 온천인 베이터우칭황밍탕은 당일치기 온천 시설로 인기이며 대욕탕 외에 2가지 개실이 있다.

MAP P.113 E-1　베이터우(北投)

🏠 溫泉路銀光巷21-2號　☎ 02-2898-3088　🕐 24시간　休 없음　🍴 불가능　🚇 MRT 신베이터우(新北投) 역에서 도보로 약 22분, 택시로 약 5분

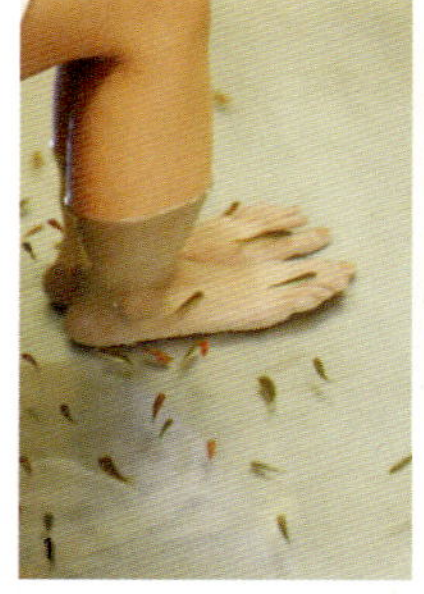

1 닥터 피시 족탕은 80元(개실 이용 시에는 30분은 무료) 2 샴푸, 타월은 각자 지참 3 대욕탕 120元, 개인 욕실은 2명 이용 시 1시간 350元부터

8:00

신선한 과일로 만든 주스로 잠에서 깨자!

타 이 베 이 뉴 루 다 왕
台北牛乳大王

타이베이 시내에 7개의 점포를 가진 체인. 간판 메뉴는
타이완산 완숙 파파야와 신선한 우유로 만드는 파파야
우유(70元). 마와 참깨, 호두 등을 넣은 우유 음료수도
있다. 그밖에도 영양이 풍부한 요구르트 음료수와 스무
디 종류도 풍부해서 아침잠을 깨기에 좋다! 시간이 없
는 아침에 테이크아웃해서 힘을 충전하자.

MAP P.117 D-3 중산(中山)
🏠 南京西路20·22號 ☎ 02-2559-6363
🕐 6:30~24:00 休 없음 💳 가능 🚇 MRT
중산(中山) 역 1번 출구에서 바로 URL www.
tmkchain.com.tw

참깨 호두 우유(70元)
는 비타민 E와 식이섬
유가 풍부

1 진한 우유와 파파야의 상쾌한 단맛
이 잘 어울린다 2 파파야 우유(앞). 파
인애플, 사과, 바나나, 레몬 스무디 80
元(뒤) 3 2층 자리는 전망도 좋다 4
아침 식사용 샌드위치 50元~ 등 가
벼운 식사도 판매

10:30

찌르지 않는 침과 마사지로 통증과 이별하자!

화 원 탕
華雲堂

피곤한 몸을 중국 의학의 힘으로 치료하기 위해 주택가에
있는 침구 치료원으로. 침구라고해도 이곳에서 사용하는
것은 일반적인 침이 아닌 미세한 전류가 흐르는 무침구.
부항으로 산화 물질이 멈추는 장소를 찾아 경혈에 무침구
를 찌른다. 친절한 마사지가 끝날 쯤에는 몸도 산뜻!

MAP P.117 F-4 중산(中山)
🏠 吉林路26巷25號 4F ☎ 02-2581-9963
🕐 10:00~21:00 休 일요일 💳 불가능 🚇
MRT 송장난징(松江南京) 역 2번 출구에서 도보
로 약 5분

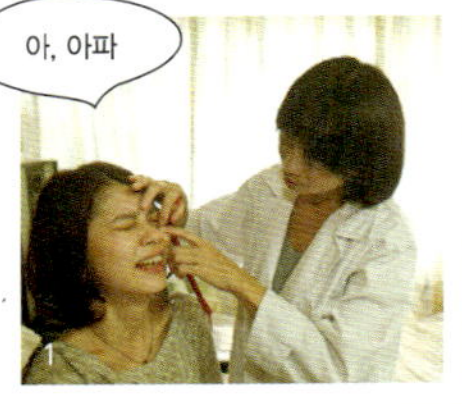

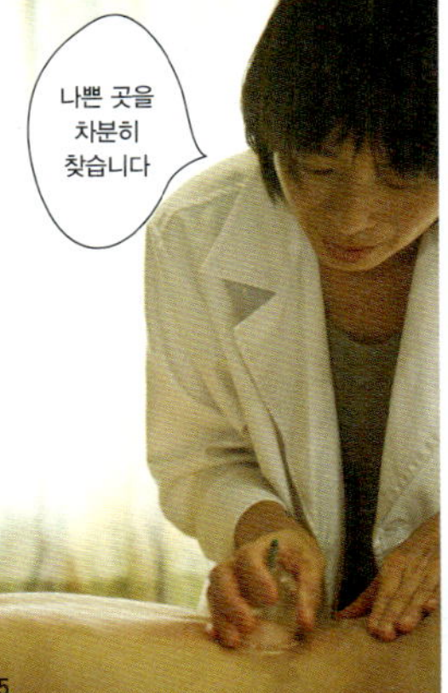

1·2 시술은 부항→무침구
→마사지의 흐름으로 약 1
시간 1300元 3 안락한 공
간 4 침으로 찌르지 않지
만 경혈에 들어가면 아프다
5 부항은 피부를 빨아올리
면서 나쁜 곳을 발견한다

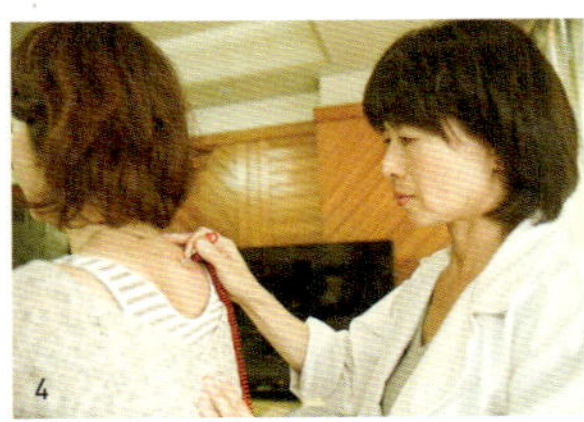

Route
3

Route
4

타이완 잡화에 빠지다!
쇼핑 루트

선명한 색상, 어딘가 느리고 키치한 디자인. 월
등히 귀여운 타이완 잡화를 찾아서, 거리의 가
게를 둘러보자!

Schedule

DAY 1

11:00 타이베이 도착!

🚌🚇 리무진 버스 or MRT로 이동

12:30 호텔에 체크인

🚇 MRT로 송장난징(松江南京) 역으로

13:00 華北餃子館에서 교자를

🚇 MRT로 동먼(東門) 역으로 · 이동 시간 약 11분

15:00 永康街에서 쇼핑

예를 들면 成家家居와 彰藝坊

그대로 용캉제를 어슬렁어슬렁

🚇 MRT로 중샨궈샤오(中山國小) 역으로 · 이동 시간 약 20분

17:00 勝立生活百貨에서 키치한 잡화를 찾아보자

도보로 약 2분

18:30 저녁 식사는 雙城街夜市에서

DAY 2

8:30 아침 식사는 숨겨진 명소인 아침 시장 城中市場으로

🚇 MRT로 공관(公館) 역으로 · 이동 시간 약 20분

9:40 公館 역 앞 노점상&
水源市場에서 B급 식도락

도보로 약 1분

10:20 光南大批發에서 눈에 띄는 마스킹테이프를 구입

도보로 약 5분

천싼딩(陳三鼎, P.67)에서 타피오카 티를 테이크아웃

도보로 약 10분 · 마시면서 이동

11:30 寶藏嚴國際藝術村을 산책

도보로 약 15분

13:00 易牙居에서 가볍게 인차 런치

🚇 MRT로 중샨(中山) 역으로 · 이동 시간 약 16분

14:20 台灣好, 店으로 타이완발 하이센스 잡화를 찾으러

도보로 약 10분

15:10 귀여운 전통 잡화는 雲彩軒에서 구입!

도보로 약 6분

16:00 영화감독이 프로듀스한
光點台北 Spot Taipei에서 차

🚇 MRT로 롱샨쓰(龍山寺) 역으로 · 이동 시간 약 16분

17:30 泰元五金行에서 멋진 그릇을 발굴해 내자

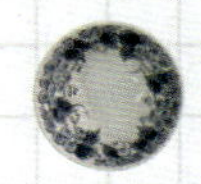

🚇 MRT로 시먼(西門) 역으로 · 이동 시간 약 12분

18:20 西門町에서 저렴한 잡화를 찾자!

19:00 저녁 식사는 牛店의 절품 뉴로우미엔

식후에는 밤에도 떠들썩한 시먼(西門)의 거리를 걷자

DAY 3

7:30 豊盛號의 샌드위치로 아침 식사

🚇 MRT 지엔탄(劍潭) 역으로 · 이동 시간 약 15분

8:30 활기로 가득 찬 士林市場(P.16)의 아침 시장을 구경

도보로 약 8분

귀국 전, 스린스창 근처에서 발 마사지를 받자

🚇 MRT로 위안샨(圓山) 역으로 · 이동 시간 약 14분

10:30 교외 마켓 Maji Maji
集食行樂에서 마지막 쇼핑을

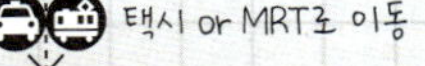

🚕🚇 택시 or MRT로 이동

13:00 호텔에서 짐을 찾아 공항으로

"

우선 전통 잡화 가게들이 모여 있는 용캉제(永康街)로. 그리고 현지 분위기를 느낄 수 있는 슈퍼마켓도 잊지 말고 체크할 것! 뜻밖의 보물이 넘쳐납니다!

앞부터 주로우수이자오(豬肉水餃, 10개) 70元, 툰로우궈티에(豚肉鍋貼, 10개) 100元, 배추절임 30元, 쏸라탕(酸辣湯) 30元. 화학 조미료는 전혀 넣지 않는다

쫄깃쫄깃하고 육즙이 풍부한 교자에 입맛을 다신다!

華北餃子館
화 베 이 자 오 쯔 관

'둥글고 뚱뚱한 것이 우리 교자의 특징'이라고 하는 여주인. 쫄깃쫄깃한 피에 속이 가득 든 노릇노릇한 구운 교자는 한 번 먹으면 육즙이 확하고 퍼지며 그 감각은 최고! 고기 지방이 확실하게 느껴지고 질기지도 않고 퍽퍽하지 않아 몇 개라도 먹을 수 있다.

MAP P.117 E-3 중산(中山)

長春路81號 ☎ 02-2511-3577 🕐 11:00~14:00, 17:00~21:00 ❻ 일요일, 설날 ▦ 불가능 🚇 MRT 송장난징(松江南京) 역 8번 출구에서 도보로 약 10분

▲낮부터 맥주를 즐기는 손님도 ▶피는 물론 라유도 직접 만든다

◀중앙에는 꽃무늬 천의 파우치와 손거울도 ▲나눠 주기 딱 좋은 아이템도 여러 가지

컬러풀한 잡화가 가게를 물들인다

成家家居
청 지 아 지 아 주

용캉제(永康街)에는 타이완의 전통 무늬와 소재로 만든 귀여운 잡화 가게가 많다. 이곳은 작은 공간에 마스킹테이프부터 코스터까지, 다양한 아이템을 모아 놓은 가게이다.

1 비누 200元 2 마스킹테이프 각 35元 3 코스터 각 80元

MAP P.121 F-3 캉칭롱(康青龍)

麗水街8號 ☎ 02-2397-5689 🕐 10:00~21:00 ❻ 없음 ▦ 가능 🚇 MRT 동먼(東門) 역 5번 출구에서 도보로 약 2분

1 동전 지갑 980元 2 전통 무늬의 커튼 천을 리메이크한 가방 980元 3 밤비 무늬 토트백(中) 680元

포대극의 천을 독특하게 변형

彰藝坊
장 이 팡

타이완 전통 인형극인 '포대극(布袋劇)'에 사용하는 소재를 변형한 오리지널 아이템을 취급한다. 그밖에도 꽃무늬 천 파우치와 런치 매트, 아크릴 소재를 사용한 투명한 토트백도 있다. 종류가 풍부하다.

MAP P.121 F-3 캉칭롱(康青龍)

永康街47巷27號 ☎ 02-3393-7330 🕐 11:00~19:00 ❻ 월요일 ▦ 가능 🚇 MRT 동먼(東門) 역 5번 출구에서 도보로 약 6분 URL www.cyf-bodehi.com.tw

키치한 타이완 잡화를 발굴하자!

勝立生活百貨 雙城旗艦店
성 리 성 훠 바 이 훠　쌍 청 치 지 엔 디 엔

과자, 차, 문구 용품, 주방 용품, 그리고 식기까지.
여러 가지 상품을 취급하는 '무엇이든 파는 가게.'
언뜻 보면 현지인이 이용하는 평범한 가게 같지
만, 잡다하게 진열되어 있는 상품 중에서 타이완
스러운 키치하고 귀여운 물건이 숨어 있다.

▲2층의 모습. 래핑 박스와 파티 용품도 풍부

▶의외로 요긴한 것이 지퍼 백. 가로세로의 길이
가 4cm 정도인 작은 것부터 세탁물을 넣을 수
있는 것까지 다양한 사이즈가 있다

MAP P.117 E-1 중샨궈샤오(中山國小)
🏠 雙城街21號 ☎ 02-2591-7452
🕐 9:00~익일 1:00 休 없음 ▬ 불가
능 🚇 MRT 중샨궈샤오(中山國小) 역 1
번 출구에서 도보로 약 6분

물방울무늬 머그컵 각
59元

알루미늄 컵(좌) 40元,
(우) 20元

1인용 미니 사이즈 다동띠
엔궈(大同電過) 235元

레트로 스타일 무늬의
플라스틱 케이스 29元

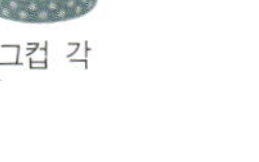

플라스틱 계량스푼
각 19元

컬러풀한 컵 30개
세트 105元

지퍼 백 클립(4개)
30元

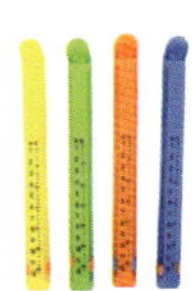

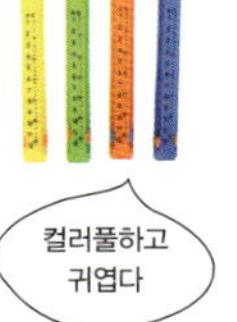

주음표기(注音表記)
퍼즐 시트 40元

그림이 귀여운 트럼프
각 20元

나일론 소재의
가방(대) 49元

교과서 같은 노트
각 8元

스티커 20元

종이백(소) 50매 묶음
각 22元

현지에서도 인기인 식도락 야시장에서 저녁 식사

雙城街夜市
쌍 청 제 예 스

농안제(農安街)와 민취안시루(民權西路) 사이에 있는 쌍청
제예스는 새벽 5시경부터는 아침 시장, 저녁 5시경부터는
야시장으로 붐비는 B급 식도락의 보고이다. 짧은 거리지
만 24시간 여러 가게가 영업하고 있다. 바로 옆에는 칭광
스창(晴光市場)도 있어서 모두 둘러보는 것을 추천한다.

▲야시장은 17:00~익일 2:00경까지 영업하는 가게가 많다(가게에 따라 다름)
▶노점 '칭화이미엔시엔(晴懷麵線)'의 종흐어미엔시엔(總合麵線, 소) 70元

MAP P.117 E-1 중샨궈샤오(中山國小)
🏠 中山北露二段의 농안제(農安街) 주변 ☎ 없
음 🕐 이른 아침부터 심야까지 休 없음 ▬ 불가
능 🚇 MRT 중샨궈샤오(中山國小) 역 1번 출구에
서 도보로 약 3분

Route
4

◀점심에는 줄이 늘어 서는 청중라오파이뉴 로우라미엔다왕

▲채식전문점. 자색고구마 면에 유부와 채소를 듬뿍 넣어 부드 러운 맛의 면 ◀활기 넘치는 채 소가게가 늘어서 있는 한쪽

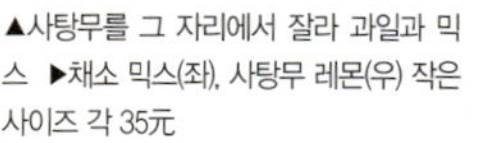

▲사탕무를 그 자리에서 잘라 과일과 믹 스 ▶채소 믹스(좌), 사탕무 레몬(우) 작은 사이즈 각 35元

숨겨진 아침 시장에서 밥을 먹고 쇼핑도!

청 중 스 창
城中市場

타이베이역의 서남쪽에 있는 과일가게, 채소가게, 음식 점 등의 노점상으로 붐비는 시장. 간 고기와 굵은 면을 함께 먹는 '자장미엔(炸醬麵)'으로 유명한 '청중라오파이 뉴로우라미엔다왕(城中老牌牛肉拉麵大王)' 등, 현지인으 로 붐비는 인기 식당도.

MAP P.120 C-1 타이베이(台北) 역 주변
🏠 우창제(武昌街)와 위안링제(沅陵街) 사이 ☎ 없음 🕐 6:00~ 24:00(아침 시장은 정오경에 닫음) 休 없음 ■ 불가능 🚇 MRT 타이다이위안(台大醫院) 역 4번 출구에서 도보로 약 8분

빌딩 가운데에는 현지의 색이 강한 시장이

수 이 위 안 스 창
水源市場

파란색의 외관이 눈에 띈다. 음식을 파는 노점상은 11시 경부터 문을 열지만 반찬 가게의 떡이나 신선 주스 등 은 9시 반부터 판매한다. 채소가게 '칭궈위안(青果園)'의 신선 채소와 사탕무를 사용한 주스를 추천한다.

MAP P.122 C-4 공관(公館)
🏠 羅斯福路四段92號 ☎ 없음 🕐 7:00경~20:00경 休 격주로 1 회 부정기 휴일 ■ 가능 🚇 MRT 공관(公館) 역 1번 출구에서 도보 로 약 2분

실용적인 문구가 풍부

광 난 다 피 파
光南大批發

1층은 미용과 생활 잡화, 2층은 문구류, 3층은 CD&DVD 가 게이다. 다양한 종류의 실용적인 문구 용품이 많고, 펜은 1개 5元~ 등 합리적인 가격! 가게의 한편에는 마스킹테이프 코너 도. 뉴로우미엔과 관광명소를 활용한 아이템이 귀엽다.

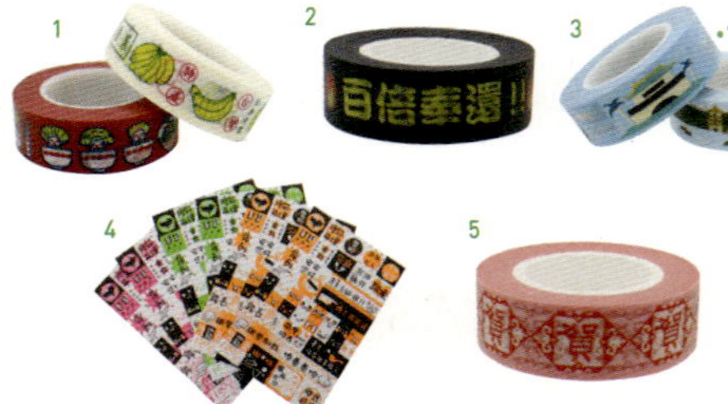

1 뉴로우미엔(牛肉麵) 캐릭터 45元, 타이완 바나나 45元 2 일본에서 넘어 간 유행어 '배로 갚는다!'를 100배로 늘린 중국어 버전 55元 3 타이베이의 관광명소를 무늬로 활용. 각 45元 4 파이팅이란 의미의 '짜요(加油)' 등 중 국어 회화 스티커 16元 5 축하한다는 의미의 '흐어(賀)' 무늬 테이프 55元

MAP P.122 C-4 공관(公館)
🏠 羅斯福路四段116號 ☎ 02-2365-3199
🕐 10:30~22:30 休 없음 ■ 불가능 🚇 MRT 공관(公館) 역 1번 출구에서 도보로 약 2분

언덕 위의 마을이 모여 있는 예술적인 장소!

寶藏巖國際藝術村

원래는 청조시대에 중국 대륙에서 건너온 이민자가 '바오장옌(寶藏巖)'이라는 절을 건설해 개간한 토지. 2004년에 역사 건축물로 지정되어 이 지역의 집을 개축하고, 예술가의 주거 공간, 갤러리, 카페 등이 모인 예술촌으로 2010년에 새로 태어났다.

MAP P.122 C-4 공관(公館)

🏠 汀州路三段230巷14弄2號 ☎ 02-2364-5313 🕙 11: 00 ~18:00, 토·일·공휴일 11:00~22:00 🈺 월요일 💳 불가능
🚇 MRT 공관(公館) 역 1번 출구에서 도보로 약 11분

1·2 집을 개축한 갤러리 3 거주 중인 아티스트의 아틀리에 4 야외에서도 전시를 5 일본 강점기 시대에는 군사 시설이 설치되어 1970년 군 철수 후에는 저소득자와 노병이 이 지역에서 살기 시작했다. 현재에도 이전부터 살던 집이 남아 있다 6 예술촌 내의 호스텔 'ATTIC 거로우(閣樓).' 예술 관계자는 우선적으로 숙박할 수 있다

◀돼지고기가 들어간 창펀(腸粉) 100元, 차슈 파이 70元, 행인두부 50元, 참깨 해산물 말이(2개) 80元 ▲14:30~ 17:00은 브레이크 타임

인차 런치를 가볍게 즐기자

易牙居

본격적인 광동인차(廣東飮茶)를 가볍게 즐길 수 있는 인기 가게. 요리에는 가공품을 전혀 사용하지 않는 고집을 지키면서 가격도 저렴하다. 메뉴에 사진이 있기 때문에 사진을 보고 주문할 수 있다.

MAP P.122 B-3 공관(公館)

🏠 羅斯福路三段286巷16號 ☎ 02-2367-8218 🕙 점심 11:00~14:30, 저녁 17:00~21:30 🈺 없음 💳 가능 🚇 MRT 공관(公館) 역 4번 출구에서 도보로 약 2분

Route 4

◀1~2층은 타이완발 잡화를 취급하는 가게, 3층은 관광공사와 제휴한 정보 센터(좌), 수제 비누 각 90元(우)

타이완발 하이센스 잡화가 모여 있다

台灣好, 店

재단법인 '타이완하오원화지진회이(台灣好文化基金會)'가 운영하며 가게에는 타이완 아티스트가 디자인한 잡화와 원주민의 공예품 등 다양한 아이템이 있다. 베이비 카스텔라를 본뜬 카드와 타이완에서 일하는 사람을 일러스트화한 스티커 등 타이완의 일상을 그려낸 정감어린 상품이 많다.

MAP P.117 D-3 중산(中山)

🏠 南京西路25巷18-2號 ☎ 02-2558-2616
🕐 12:00~21:00 休 월요일 💳 가능 🚇 MRT 중산(中山) 역 2번 출구에서 도보로 약 2분

1 '베이비 카스텔라 카드' 20元 **2** 런천 매트 350元 **3** 토트백 280元 **4** 엽서 각 40元 **5** 타이완 음식이 새겨져 있는 '타이완샤오츠(台灣小吃) 트럼프' 240元 **6** '타이완 프로!' 스티커 80元

천장에 달린 둥근 램프가 멋지다

중국풍 색상이 귀여운 전통 잡화가 풍부

雲彩軒

꽃무늬 천을 사용한 파우치와 코스터, 돈주머니 등 '완전 타이완스러운' 형형색색의 전통 무늬 아이템이 많다. 스카프 등의 패션 아이템, 쿠션 커버와 램프 등의 인테리어 용품, iPod 커버와 휴대용 반짇고리 등 실용적인 아이템이 많아 좋다.

1 작은 돈주머니 100元 **2** 꽃무늬 코스터(5개) 480元 **3** 휴대용 바느질 세트 220元 **4** 바느질 박스 650元 **5** 파우치 300元 **6** 전통 의상을 형상화한 동전 지갑 420元 **7** 꽃무늬 천을 가공한 파우치 390元

MAP P.117 E-3 중산(中山)

🏠 南京東路一段31巷2號 ☎ 02-2571-2539 🕐 10:00~21:30 休 없음 💳 가능 🚇 MRT 중산(中山) 역 4번 출구에서 도보로 약 6분

영화감독이 프로듀스한 멋진 카페

光點台北 Spot Taipei
광디엔타이베이   스폿   타이페이

1925년에 아메리카 영사관으로 세워진 건물을 개축
하고 영화감독 허우샤오시엔(候孝賢)이 프로듀스해
서 새롭게 태어난 장소. 영화관, 잡화점, 카페 '카페
이스광(咖啡時光)' 등이 입점해 있어 카페 음료수에
영화 제목을 붙였다.

MAP P.117 D-3   중샨(中山)
🏠 中山北路二段18號   ☎ 02-2511-7786
🕐 10:00~24:00, 금·토·일 10:00~익일
2:00   休 부정기   🚇 가능   🚶 MRT 중샨
(中山) 역 4번 출구에서 도보로 약 3분

◀카페 이름도 허우 감독의 작
품에서 유래 ▲영화 〈애정만세〉
에서 이름을 딴 베리 계열의 칵
테일. 아이칭완쑤이(愛情萬歲)
190元

프레시 키위 주스
180元

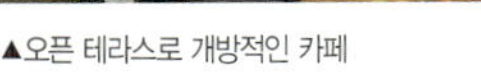

▲오픈 테라스로 개방적인 카페
◀영화 관련 아이템과 잡화를 취급하는 가게

귀여운 주방 장갑
480元

할아버지가 운영하는 작은 그릇 가게

泰元五金行
타이위안우진항

가게를 세운 지 60년. 작은 가게지만 빈틈없이 그릇
이 진열되어 있다. 그중에는 먼지를 뒤집어 쓴 것도
있지만 사실은 이미 생산이 중지된 보물 아이템일
수도 있으니 놓치지 않도록!

MAP P.120 A-2   롱샨쓰(龍山寺)
🏠 康定路193號   ☎ 02-2308-4244   🕐
9:00~18:00   休 없음   🚇 불가능   🚶 MRT
롱샨쓰(龍山寺) 역 3번 출구에서 도보로 약 2분

1 주인은 2대째. 중국어를 못한다면 필담으로
2·3 수북히 쌓여 있는 그릇. 건질 만한 멋진 그
릇들이 잠들어 있다 4 천장 근처까지 옛날 상
자들이 쌓여 있다

다퉁스치(大同
食器)의 뚜껑
이 달린 밥 그릇
500元

주인이 강력 추천하는
도자기 접시 50元

가지고 돌아오기 쉬운
작은 접시 60元

싼 잡화를 찾아 거리를 어슬렁어슬렁

西門町 주변
시 먼 팅

항상 젊은이들로 붐비는 번화가로 저렴한 가게와 옷 가게가 모여 있다. 거리의 랜드 마크인 시먼홍로우(西門紅樓)에서는 주말이 되면 플리마켓인 촹이스지(創意市集)를 개최. 젊은 창작자들이 자신의 작품을 판매하므로 시간이 맞는다면 꼭 가 보길.

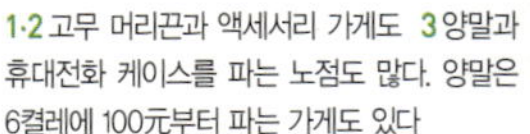

1·2 고무 머리끈과 액세서리 가게도 3 양말과 휴대전화 케이스를 파는 노점도 많다. 양말은 6켤레에 100元부터 파는 가게도 있다

MAP P.120 B-1 시먼(西門)

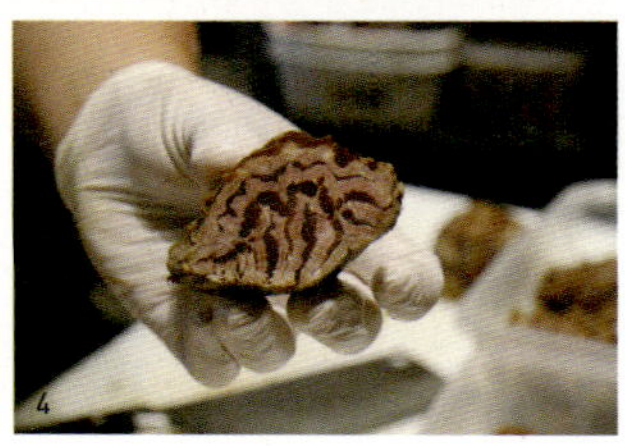

1 소고기, 소 힘줄, 소 벌집양의 3가지 부위가 들어간 완한뉴로우미엔(萬漢牛肉麵) 220元. 작은 접시는 20元부터 2 육즙과 고기의 조화를 고려하여 얇게 썬다 3 내관은 주인이 디자인했다고 4 투명한 부분은 탱글탱글

스타일리시한 가게에서 절품 뉴로우미엔(牛肉麵)을

牛店
뉴 디 엔

아는 사람은 아는 인기 가게로 개점 전부터 사람들이 줄을 선다. 면은 남성스러운 느낌의 양과 비주얼이지만 국물은 소뼈와 고기를 기본으로 한 부드러운 육수를 사용해 매우 고급스러운 깊이 있는 맛이다. 취향에 따라 소 골수 기름을 사용해 직접 만든 매운 페이스트(사진 오른쪽)를 넣으면 독특한 향미와 매운 맛이 돋보인다.

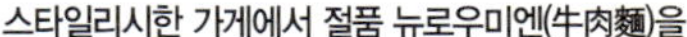

MAP P.120 B-1 시먼(西門)

🏠 昆明街91號 ☎ 02-2389-5577 🕐 11:30 ~20:30 🚫 월요일 💳 불가능 🚇 MRT 시먼(西門) 역 1번 출구에서 도보로 약 5분

국물 없는 얼얼할 정도로 매운 뉴로우미엔(牛肉麵), 뉴로우자오마반미엔(牛肉椒麻伴麵, 소) 160元

마지막 날은 교외의 마켓으로 발길을 돌려보자. 젊은 창작자의 단 하나뿐인 작품과 멋진 슈퍼의 고급 선물을 노리자!

7:30

1 감자 샐러드, 양배추, 토마토, 달걀, 돼지고기 안심으로 만든 샌드위치. 펑성쌴밍즈(豊盛三明治) 80元 2 하나하나 손으로 만든다 3 가게 안은 6석 정도로 테이크아웃 중심

양이 많은 샌드위치로 아침 식사를
펑 성 하 오
豊盛號

타이난(台南)의 5성 호텔에서도 사용하는 식빵을 사용. 우유의 달콤한 맛이 느껴지는 매끄러운 반죽을 숯불로 굽고 재료를 듬뿍 넣은 볼륨 만점의 샌드위치를 먹자. 아침에 딱 맞는 맛으로 8~9시경에는 줄이 늘어서기도.

MAP P.113 E-2 스린(士林)
🏠 中正路223巷4號 ☎ 02-2380-1388 🕐 7:00~11:30, 토·공휴일 8:00~12:30 (休) 일요일 💳 불가능 🚇 MRT 스린(士林) 역 1번 출구에서 도보로 약 3분

10:30

음식도 가게도 만족스러운 아트 마켓
마 지 마 지   지 스 싱 루 어
Maji Maji 集食行樂

푸드 코트, 레스토랑, 가게, 카페 등이 모인 쇼핑몰. 신인 창작자의 노점 지역에는 단 하나뿐인 수제 잡화와 액세서리, 개성적인 패션 아이템이 즐비하다. 타이완산의 고급 식재료를 취급하는 'MAJI FOOD&DELI'는 선물 쇼핑하기 딱 좋다.

MAP P.113 E-3 위안샨(圓山)
🏠 玉門街1號 ☎ 02-2597-7112 🕐 11:00~21:00 (休) 없음 💳 불가능(가게에 따라 다름) 🚇 MRT 위안샨(圓山) 역 1번 출구에서 도보로 약 1분

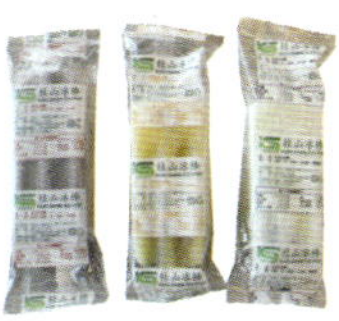

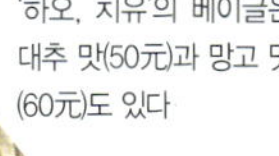
'하오, 치유'의 베이글은 대추 맛(50元)과 망고 맛(60元)도 있다

1·4·5 젊은 아티스트 가게가 모여 있는 지역 2 아이스 캔디 각 10元. 슈퍼에서 발견 3 신이(信義)의 인기 카페 '하오, 치유(好, 丘)' 지점도. 쫄깃쫄깃한 식감의 베이글을 판매 6 슈퍼에는 먹고 갈 수 있는 곳도 7 '짜이총훙(在欉紅)'의 잼 180元. 패션 프루트(좌) 타이완 구아바(우)

Route 4

Route 5

배터지게 먹고 싶어!
식도락 루트

꼭 먹어야 할 샤오롱바오는 물론 야시장의 B급
식도락에 과일로 만든 디저트, 타이완풍 술집
까지, 먹고 마시는 3일!

Schedule

DAY 1

11:00 타이베이 도착!

🚌🚆 리무진 버스 or MRT로 이동

13:30 호텔에 체크인

🚇 MRT로 중샤오둔화(忠孝敦化) 역으로

14:00 노포 東區粉圓에서
우선 달콤한 디저트를

도보

동취(東區, P.96)을 산책하자

🚕 택시로 약 11분

18:00 小紅莓石頭火鍋에서 양껏 저녁을!

🚕 택시로 약 14분

20:30 아직 더 먹을 수 있다!
寧夏夜市로 가자

DAY 2

8:00 南園食品店의 중화 대나무
떡으로 아침 식사

걸어서 바로

9:00 南門市場에서
중화 식자재를 구입

도보로 약 11분

11:30 杭州小籠湯包의
정품 샤오롱바오로 점심

🚇 MRT로 중샨궈샤오(中山國小)
역으로

이동 시간 약 19분

13:00 우선 脆皮鮮奶甜甜圈의 도넛부터

도보로 약 1분

13:30 순두부가 유명한 가게 丁香豆花로

도보로 약 3분

(오른쪽 단)

14:30 双妹嬤에서 과일을 먹자

🚕 택시로 약 6분

15:30 심플한 冰讚의 빙수를

🚇 MRT로 타이베이쳐잔(台北車站)
역으로

이동 시간 약 10분

16:30 台北地下街에서 쇼핑하면서
배를 채우자

도보로 약 2분

17:30 精氣神養生會館에서 배에게 휴식을

🚇 MRT로 싱티엔공(行天宮) 역으로

이동 시간 약 13분

19:00 全佳樂室內釣蝦에서 새우 낚시!

🚇 MRT로 중정지니엔탕(中正紀念堂)
역으로

이동 시간 약 15분

21:00 해산물 술집 打咔生猛海鮮餐廳에서
타이완 맥주와 바다의 보배를!

DAY 3

9:00 老蔡水煎包의 구운 만주로
아침 식사를

도보

타이베이(台北) 역 주변에서 쇼핑

🚇 MRT에서 공관(公館) 역으로

이동 시간 약 11분

11:00 陳三鼎의 타피오카 밀크로
소화시키자

도보로 약 4분

頂好(딩하오) Wellcome(P.93)에서 선물을 사자

🚕🚆 택시 or MRT로 이동

13:00 호텔에서 짐을 찾아 공항으로

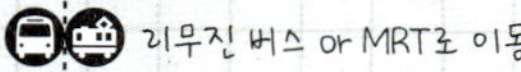
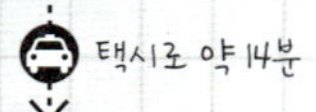
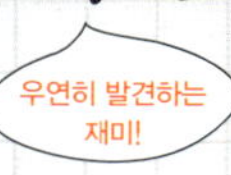

타이베이에 도착한 첫 날은 위장도 준비만만! 오랜 동안 사랑 받고 있는 디저트부터 식도락 야시장까지, 첫날부터 날아가 보자.

14:00

타피오카를 사용한 기본의 디저트가 인기인 노포

동 취 편 위 안
東區粉圓

타이베이에 도착하면 우선 오래된 디저트 가게로. 얼음 빙수나 따뜻한 국물을 선택해서 스스로 토핑을 정하는 타이완 스타일. 많은 재료 속에서 원하는 토핑을 손가락으로 가리켜 선택하는 것도 즐거움이다. 타로 고구마 완자와 타피오카 등 모두 직접 만들어 피부와 장에도 좋다. 맛있고 건강에도 좋으니 더 바랄 것이 없다!

MAP P.119 D-2　동취(東區)

忠孝東路四段216巷38號　☎ 02-2777-2057　🕐 11:00~23:30　休 없음
🚇 불가능　🚇 MRT 중샤오둔화(忠孝敦化) 역 3번 출구에서 도보로 약 3분

1 타피오카, 순두부, 고구마 완자, 녹두를 얹어 60元　**2** 토핑은 모두 눈으로 보고 그 자리에서 선택할 수 있어 안심　**3** 먹고 갈 수 있는 장소도 새로 설치해 청결

18:00

돌 냄비를 사용한 스키야키풍의 전골에 현지 손님도 쇄도!

샤 오 훙 메 이 스 터 우 훠 궈
小紅莓石頭火鍋

어패류와 고기, 파를 볶은 후 특제 육수에 졸인 오리지널 전골은 여기서만 먹을 수 있다. 기본 전골 세트 50元+20元×사람 수를 지불하면 재료는 셀프서비스로 선택할 수 있는 스타일. 회전 초밥처럼 가격에 따라 접시 색이 다른 것도 재미있다. 예약 제도가 없으므로 줄이 늘어서는 가게. 기운이 좋은 첫날 제패해 두자.

MAP P.115 F-4　쏭샨(松山)

寶清街24號　☎ 02-2767-6131　🕐 11:30~24:00(LO 23:30)　休 없음　🚇 불가능　🚇 MRT 스 정푸(市政府) 역 1번 출구에서 택시로 약 6분

1·4 해산물 육수와 간장 베이스의 조미료가 딱　**2** 토핑과 재료는 셀프
3 계산은 접시 숫자로 계산하는 회전 초밥 방식

1·3 시내 중심부에 있어 관광객도 많다. 여러 가게 가 공유하는 식사 공간에 서 샤오츠를 들고 돌면서 먹는다 2 야시장의 기본인 '옌쑤지(鹽酥雞)'는 죽 늘 어선 꼬치구이의 식재료를 직접 선택해서 그 자리에서 튀겨 준다. 1꼬치 30元부터

'먹거리' 야시장에서 노점상 식도락의 묘미를 맛보자

닝 샤 예 스
寧夏夜市

타이베이 시내에서 음식에 충실한 야시장이라면 이 곳이다. 도보로 10분 정도 걸리는 거리에 100개 이상 의 노점상이 시끌벅적하게 모여 있다. 미엔시엔(麵線) 과 루로우판(魯肉飯) 등이 단골 메뉴인 간단한 먹거 리 샤오츠(小吃)는 물론, 새 가게도 많이 생겨서 새로 운 B급 식도락에 도전하려는 사람에게 추천한다. 택 시로 3분 정도 거리에는 솽청제예스(雙城街夜市, P.51) 도 있으니 하룻밤에 야시장 두 곳을 제패할 수 있다!

4·5 줄이 늘어서는 치킨롤 은 새로운 노점상. 1개 45 元, 9가지 맛이 있다 6 과 일 주스도 명물. 그 자리에 서 믹서로 갈아 준다

MAP P.116 C-3 디화제(迪化街)

🏠 寧夏路 🕐 17:00~익일 1:00경 😊 없음 💳 불가능 🚇 MRT 중산(中山) 역 2번 출구에서 도보로 약 10분

파파야와 우유가 들어간 무과뉴나이(木瓜牛奶, 소) 50元

아침부터 절품의 대나무 떡으로 눈을 뜨자! 간식 타임에는 타이완 디저트로 배를 채우 고, 저녁 전에는 쇼핑과 발 마사지 받으며 배를 비우자.

1·3 메뉴는 20가지 이상. 1개 55元부터 2 난먼스창(南門市場)의 정원에서 대나무 떡을 싸고 있는 아주머니들이 눈에 띈다. 6월 단오절에는 정원 밖에까지 줄이 길게 늘어선다

현지인에게 사랑 받는 대나무 떡 전문점

난 위 안 스 핀 디 엔
南園食品店

간단하고 먹기 쉬운 후저우(湖州) 대나무 떡으로 아침 배를 채우면 완벽! 찹쌀과 부드럽게 조린 고기가 만나서 입안에서 녹을 정도로 맛있다. 콩 이 들어간 것은 우아한 단맛을 즐길 수 있다. 웃 는 얼굴로 대나무 떡을 척척 포장하는 아주머니 에게 아침의 힘을 받자.

MAP P.121 D-3 중정지니엔탕(中正紀念堂)

🏠 羅斯福路一段8號 ☎ 02-2396-3852 🕐 7:00~ 19:30 😊 없음 💳 불가능 🚇 MRT 중정지니엔탕(中正紀 念堂) 역 2번 출구에서 바로

건과일을 살 수 있는 타이베이 시민의 위장

南門市場
난 먼 스 창

음식 쇼핑이라면 지상 2층 건물의 대형시장에 맡기자.
지하 1층은 신선식품 매장, 1층은 반찬과 건물 매장, 2층
은 푸드 코트이다. 야식용으로 타이완 과일을 사도 좋고
1층의 건물 매장은 선물을 사기에도 편리. 인기가 많은
말린 망고와 진화(金華) 햄도 매우 싼 가격에 살 수 있다!

MAP P.121 D-3 중정지니엔탕(中正紀念堂)
羅斯福路一段8號 ☎ 02-2321-8069
7:00~18:00(2층은 7:00~20:00) 休 월
요일(공휴일과 겹치면 화요일이 되는 주도 있음)
MRT 중정지니엔탕(中正紀念堂) 역 2번 출
구에서 바로

말린 파인애플 150元.
망고와 함께 인기

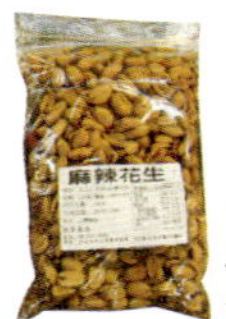
고추와 땅콩 과자 100元.
맥주에 어울린다!

말린 망고 1봉
200元. 가벼워서
선물로 딱 좋다

생선알 절임 800元.
크기와 시기에 따라
가격 변동이 있음

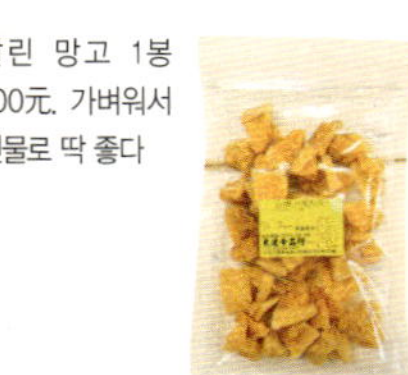

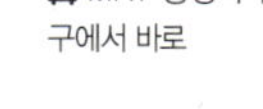

1 맛 새우도 안주로 인기. 가득 든 한 봉지에 180元 **2·3** 봉지뿐만
아니라 무게로 달아서 팔기도 한다. 계속 시식을 권하므로 사양
하지 말고 맛보고 비교하자

4·5 건물 코너 옆에서는 떡과 반찬 등 현
지인이 이용하는 가게가 많다. 사서 먹으
며 걸어도 즐겁다

가벼운 가격의 본격 샤오롱바오로 대만족!

<ruby>항 저 우 샤 오 롱 탕 바 오</ruby>
杭州小籠湯包

중정지니엔탕(中正紀念堂) 바로 옆에 있는 싸고 맛있
는 호평의 샤오롱바오(小龍包) 가게에서 점심을 먹자.
나무 찜통에서 올라오는 수증기와 향, 육즙이 듬뿍
든 샤오롱바오에 행복하다. 옛날부터 낮은 의자와 테
이블, 왁자지껄 소란스러운 활기로 넘치는 가게 분위
기도 매력이다. 큰 목소리로 이야기해도 괜찮다! 마음
껏 식사를 즐기자.

1 간판 요리인 샤오롱바오는 8개 120元으로 합리적이다 2 식사 시간대에는 현지
인들로 항상 붐빈다 3 디저트 메뉴도 찐 것이 많아서 주방에는 항상 수증기가 서
려 있다 4 반죽에 호박을 넣은 난과가오(南瓜糕, 5개) 100元. 소박한 단맛이 맛있
고 보기에도 예쁘다

MAP P.121 E-3　중정지니엔탕(中正紀念堂)
杭州南路二段17號　☎ 02-2393-1757
11:00~22:00 토·일 11:00~23:00　休 없
음　불가능　MRT 중정지니엔탕(中正紀
念堂) 역 3번 출구에서 도보로 약 5분

바삭하고 쫄깃한 절품 도넛

<ruby>추 이 피 시 엔 나 이 티 엔 티 엔 취 안</ruby>
脆皮鮮奶甜甜圈

쫄깃쫄깃한 도넛을 밀가루와 녹말가루를 섞은
가루를 뿌려 튀긴 것으로 겉은 바삭하다. 추천
메뉴는 플레인 도너츠인 위안웨이티엔티엔취안
(原味甜甜圈) 20元. 밀크파우더와 설탕을 뿌린
단순한 맛은 중독될지도!

MAP P.117 E-1　중산궈샤오(中山國小)
雙城街17巷24號　☎ 0958-
900-138　11:00~19:30　休 없음
불가능　MRT 중산궈샤오(中山
國小) 역 1번 출구에서 도보로 약 5분

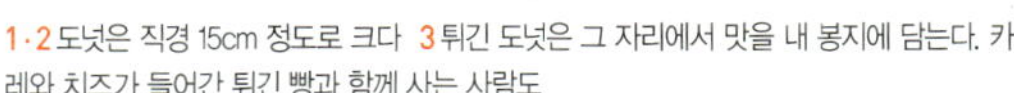
1·2 도넛은 직경 15cm 정도로 크다 3 튀긴 도넛은 그 자리에서 맛을 내 봉지에 담는다. 카
레와 치즈가 들어간 튀긴 빵과 함께 사는 사람도

Route
5

푸딩처럼 먹기 쉬운 달걀을 넣은 순두부

딩 샹 더 우 화
丁香豆花

간판 상품인 딩샹더우화는 두부를 사용한 건강 디저트 순두부인 '더우화'에 달걀과 우유를 넣은 오리지널. 산뜻한 푸딩 맛에 팬이 많다. 달걀을 적게 사용한 전통 순두부를 선택할 수 있으므로 먹고 비교해 보는 것도 좋은 방법. 콩과 새알심을 자유롭게 토핑해서 즐기자.

MAP P.117 E-1 중산궈샤오(中山國小)
🏠 雙城街12巷28號 ☎ 02-2593-1293 🕐 10:00~21:30 🚫 없음
🚇 불가능 🚇 MRT 중산궈샤오(中山國小) 역 1번 출구에서 도보로 약 5분

▲ 달걀을 적게 넣은 전통 순두부인 촨통더우화(傳統豆花). 토핑 3가지를 올려 50元이며, 고구마 새알심은 5元 추가

▶딩샹더우화의 색은 살짝 옅은 황금색

1가게 간판 상품 '뚜이나이'에 좋아하는 과일을 선택해서 먹자. 수박 넣은 것은 100元 **2**망고에 찹쌀이 어우러진 건강한 빙수 160元

낮은 칼로리의 건강한 과일 과자

솽 메 이 마
双妹嘜

홍콩에서 태어나 뉴욕에서 자란 주인이 어린 시절 먹었던 밀크 푸딩을 연구. 낮은 칼로리로 맛있는 디저트로 완성한 '뚜이나이(懷奶)'는 상쾌하다. 둥글게 깎은 수박 등 토핑을 넣어 먹자. 아시안 스타일로 건강하게 만드는 메뉴는 모양도 귀엽다!

MAP P.117 E-2 중산궈샤오(中山國小)
🏠 農安街2巷18之23號 ☎ 02-2599-6282 🕐 11:00~21:00 🚫 없음 🚇 불가능 🚇 MRT 중산궈샤오(中山國小) 역 1번 출구에서 도보로 약 5분

심플 이즈 베스트! 망고 빙수

빙 산
冰讚

신선함을 고집해서 망고 철에만 기간 한정으로 문을 여는 망고 빙수로 유명한 가게. 푹신한 얼음에 주문을 받으면 썰어 주는 신선한 망고와 연유만 넣고 만든 망궈쉐화빙(芒果雪花冰)은 망고 맛의 재발견이다! 4~10월에 타이베이를 방문한다면 꼭 들러 보자.

MAP P.117 D-3 중산(中山)
🏠 雙連街2號 ☎ 02-2550-6769 🕐 11:00~23:00 🚫 없음(※4~10월까지 기간 한정 오픈) 🚇 불가능 🚇 MRT 솽리엔(雙連) 역 2번 출구에서 도보로 약 2분

▶녹두, 율무등 좋아하는 토핑을 선택한 쓰중랴오파오(四種料刨)은 엄청난 양에 가격은 55元

◀망궈쉐화빙은 망고를 산더미처럼 얹어 주지만 겨우 100元!

1 매우 싼 신발의 시세는 200~400元 **2·3·4** CD와 DVD, 옷과 신발 가게, 군대 물건을 파는 가게까지 무엇이든 있음 **5** 특히 옷가게가 좋다. Y구 지하 거리에 점포 4개가 있는 'MIKI'에는 싸고 편리한 아이템이 가득

싸고 진귀한 물건이 가득! 잡화와 옷의 보물 상자

타 이 베 이 디 샤 제
台北地下街

MRT 타이베이츠어잔(台北車站) 역 바로 아래에 있는 잔치엔디시아제(站前地下街, Z구)를 시작으로 청핀슈디엔(誠品書店)이 들어와 있는 K구, 가장 역사가 오래된 Y구와 미로처럼 얽혀 있는 타이베이디시아제. 식후 소화도 시킬 겸 걸으면서 잡화와 옷 등 싸고 진귀한 물건을 구경하자. 추천하는 것은 Y구 지하 거리. 끝없이 이어지는 상점가에는 100~200元으로 옷과 신발을 살 수 있는 가게가 많다.

MAP P.117 D-4 타이베이(台北) 역 주변

市民大道地下(Y구 지하 거리) ☎ 02-2559-4566 🕐 11:00 ~21:30경(가게에 따라 다름) 休 없음 💳 불가능 🚇 MRT 타이베이츠어잔(台北車站) 역에서 도보로 약 5~10분

6 200元 슬립 온이 여기저기 **7** 'MIKI'에서 발견한 여름 원피스는 290元, 진짜 싸다!

친절하고 정중한 서비스, 효과도 좋은 마사지 가게

징 치 선 양 성 회 이 관
精氣神養生會館

먹으면서 걸어 다녀 피곤한 몸을 치유하는 것은 역시 발 마사지. 타이베이(台北) 역 근처라면 망설이지 말고 이곳으로 향하자. 입구는 찾기 힘들 정도로 좁고 작은 가게지만 접객과 기술이 좋아서 단골손님이 많다. 점장의 친절한 시술을 받으면 힘이 충전되니, 다시 한 번 놀 준비도 완벽하다!

MAP P.121 D-1 타이베이(台北) 역 주변

公園路28-1號 2F ☎ 02-2312-0606 🕐 11:00~23:00(23:00까지 접수 가능) 休 없음 💳 가능 🚇 MRT 타이베이츠어잔(台北車站) 역 M8 출구에서 도보로 약 5분

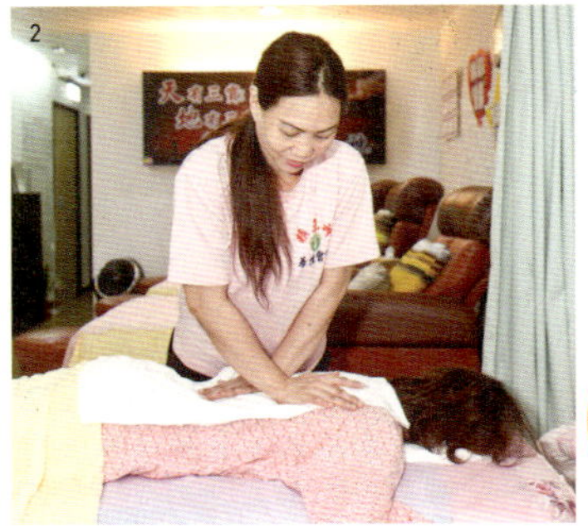

1 발 마사지는 30분 500元부터. 시간이 없을 때 좋은 메뉴 **2** 가장 인기 있는 전신 마사지 90분과 발 마사지 45분 세트. 2시간 이상이며 1800元 **3** AVEDA의 양생차를 서비스로 제공. 세심한 배려에 치유 받는다

1 1시간 300元부터, 3시간 800元으로 무제한 낚시. 실내는 냉방이 좋아 쾌적하며, 사람이 많은 때에는 예약하는 것이 좋다 2·5당김이 있으면 10초 정도 두었다가 끌어올리는 것이 비결. 단골손님 중에는 저녁부터 한밤중까지 하는 사람도 있으므로 낚아도 소란 피우지 않는 것이 매너

3 설명서, 물수건, 미끼인 건새우의 3종 세트 4 새우는 그 자리에서 조리해 준다. 수확이 없어도 3마리 정도는 서비스로 준다

낚아서 구워 그 자리에서 먹을 수 있는 새우 낚시장

취 안 자 러 스 네 이 댜 오 샤
全佳樂室內釣蝦

단지 먹는 것만으로는 만족할 수 없어! 그래서 역에서 도보로 갈 수 있는 실내 새우 낚시장으로. 낚싯대를 늘어뜨리기만 하면 준비 OK. 첫 낚시는 가게 직원이 도와준다. 낚는 재미에 시간을 잊어버릴 정도로 즐겁다. 낚은 새우는 그 자리에서 소금구이 등으로 조리해 준다. 자신이 낚은 새우는 그 맛이 특별!

MAP P.117 F-2 싱티엔공(行天宮)

🏠 錦州街190號 ☎ 02-2564-2928 ⏰ 17:00~익일 3:00 🈲 없음 💳 불가능 🚉 MRT 싱티엔공(行天宮) 역 4번 출구에서 도보로 약 5분

매일 만석인 해산물 술집. 타이완 맥주로 건배!

다 카 성 명 하 이 시 엔 찬 팅
打咔生猛海鮮餐廳

먹자여행의 2일째의 마지막은 타이완풍의 해산물 술집으로 GO! 신선한 해산물요리를 먹으면서 타이완 맥주로 건배하자. 여성 손님을 고려한 느끼하지 않은 조리법이 마음에 드는 가게의 요리는 무엇을 부탁해도 좋다! 타이완 생맥주와 과일 맥주 등 맥주 종류도 많으니 마시며 비교하면서 타이완의 밤을 만끽하자!

MAP P.121 D-3   중정지니엔탕(中正紀念堂)
🏠 羅斯福路一段43, 45, 47號 ☎ 02-3322-5589 🕐 16:00~익일 2:00 休 없음 💳 불가능 🚇 MRT 중정지니엔탕(中正紀念堂) 역 3번 출구에서 바로

양배추 볶음 '더우쑤가오리차이(豆酥高麗菜)' 100元

오징어 야채 볶음 '싼베이 중쥔(三杯中卷)' 150元

파인애플 새우 튀김 '펑리 샤추(鳳梨蝦球)' 150元

1 '르어차오(熱炒)'라고 부르는 타이완의 술집은 해산물이 주력 상품으로, 수조를 놓아 두고 싱싱한 어패류를 그 자리에서 요리해 주는 가게가 많다 **2** 이 가게 입구에는 수조가 있다 **3** 학생부터 일을 마치고 돌아가는 회사원까지 손님층은 제각각. 200석이 매일 만석

귀국 전에 먹지 못한 것이 없는지 체크! 타이완에 왔다면 빼놓을 수 없는 만두와 타피오카 밀크티의 명소로 가자.

구운 만두는 고기, 양배추, 부추의 3종류로 모두 1개 13元. 두유도 13元. 테이크아웃이지만 그 자리에 서서 먹는 사람도 많다

고기 속이 듬뿍 든 수이지엔바오로 가벼운 아침

라 오 차 이 수 이 지 엔 바 오
老蔡水煎包

짧은 시간도 아쉬운 귀국 전에는 구운 만두 수이지엔바오(水煎包)를 먹으면서 타이완 스타일의 아침밥을. 두유와 세트로 30元 정도. 근처의 학원생에게도 인기로 하루에 500개 정도 팔린다는 그 맛은 저렴하지만 본격적!

MAP P.121 D-1   타이베이(台北) 역 주변
🏠 許昌街26-1號 ☎ 02-2361-2999 🕐 6:30~23:00 休 없음 💳 불가능 🚇 MRT 타이베이 츠어잔(台北車站) 역 M6 출구에서 도보로 약 5분

이거 안 마시고 집에 못 가지~

천 싼 딩
陳三鼎

주인의 얼굴과 이름이 바로 간판이라는 강렬한 인상의 인기 가게로 흑설탕을 사용한 타피오카 밀크 '칭와좡나이(青蛙撞奶)'가 학생들에게 인기이다. 맛있는 음료수로 식도락을 마무리. 잘 먹었습니다!

타피오카 밀크티 35元. 흑설탕 맛과 타피오카의 탄력이 좋다

MAP P.122 B-3   공관(公館)
🏠 羅斯福路三段316巷8弄口 ☎ 02-2367-7781 🕐 10:30~22:00 休 월요일 💳 불가능 🚇 MRT 공관(公館) 역 4번 출구에서 도보로 약 5분

난징동루 역 근처의 숨겨진 야시장

랴 오 닝 제 예 스
遼寧街夜市

좁은 지역에 해산물 요리 노점상과 가게가 시끌벅적하며 항상 현지인으로 붐빈다. 먹고 싶은 재료를 좋아하는 요리법으로 요리해 주는 스타일의 가게가 많아서 거위 고기와 해산물 요리가 즐거운 '으어로우청(鵝肉城)'과 딴쯔미엔(坦仔麵) 가게 '꿔(郭)'가 인기

MAP P.114 B-4   난징동루(南京東路)

🏠 주췐제(朱崙街)와 창안동루얼딴(長安東路二段) 사이의 랴오닝제(遼寧街) 일대   🚇 MRT 난징동루(南京東路) 역에서 도보로 약 10분

▲가게 앞에서 어패류와 거위 고기 등을 선택해서 요리해 주는 가게가 많은 것이 이곳의 특징. 요리와 함께 술을 즐기는 사람이 많고 해산물 술집으로서 친근하다

▲홍신펀위안(紅心粉圓)은 40년 역사의 노포! 명물인 '펀위안(粉圓, 타피오카)'에 '더우화(豆花, 순두부)'와 '위위안(芋圓, 타로 고구마 경단)'을 넣어서 먹는 디저트 가게로 3가지를 섞어서 40元 ◀더우화(豆花)와 화성(花生, 땅콩), 찹쌀경단의 조합

6·7 튀긴 빵에 피단(皮蛋), 토마토, 햄을 넣은 '잉양싼밍즈(營養三明治, 노점 번호 58)'의 절품 샌드위치 55元

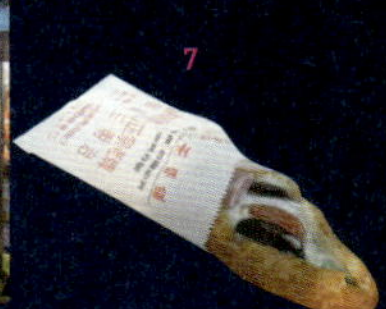

1 혼잡해지는 19시경 전에 방문하는 것을 추천 2 뜨거운 성지엔바오(生煎包) 가게 3·5 명물인 '티엔푸뤄(天婦羅, 노점 번호 16)' 4 '샤런겅(蝦仁羹, 노점 번호 22)'의 족발. 루로우판(魯肉飯)과 새우 수프도

타이베이(台北) 역에서 교외의 야시장으로
지롱먀오커우예스
基隆廟口夜市

1873년에 세워진 묘. 디엔지공(奠濟宮)을 중심으로 발전한 야시장으로 길을 따라 노란색 등이 불을 밝힌다. 굴튀김 수프와 고구마 튀김인 티엔푸뤄, 버터 크랩, 땅콩 빙수 등 맛있는 요리와 단 것이 많기로 유명하다.

MAP P.112 C-1　지롱(基隆)

🏠 中正路223巷4號　🚫 없음　🚃 타이티에지롱(台鐵基隆) 역에서 도보로 9분

이미 엄청 유명한 곳이지만 역시 즐겁다
라오허어제예스
饒河街夜市

스린(士林)과 함께 타이완 2대 야시장이다. '라오흐어제관광예스(饒河街觀光夜市)'라고 쓰인 문을 빠져나가면 약 600m의 큰 길을 따라서 가게가 늘어서 있으면 B급 식도락은 물론 액세서리와 잡화, 옷 등 쇼핑이 즐겁다. 검은 후춧가루를 뿌린 돼지고기와 파로 만든 속을 반죽으로 싸서 철판에 구운 후추빵 '후자오빙(胡椒餅)'이 명물이다. 오둔파이구탕(藥燉排骨湯)도 절품!

MAP P.113 F-3　쏭산(松山)

🏠 쏭산(松山) 역 북쪽의 츠유공(慈祐宮) 앞 500m 정도 거리 일대
🚃 타이티에쏭산(台鐵松山) 역에서 도보로 약 3분

타이베이의 옆에 있는 현지인 밀착형 야시장
용흐어르어화관광예스
永和樂華觀光夜市

신베이(新北) 시내에 있으며, 가장 가까운 딩시(頂溪) 역까지 타이베이 시내에서 MRT로 약 10분 정도 거리이므로 한번 가 보자. 여기에서는 용흐어루(永和路) 입구를 들어가면 바로 왼쪽에 있는 가게의 굴 오믈렛 '어아지엔(蚵仔煎)'을 꼭 먹자. 그밖에 현지인들은 새우, 흰살 생선, 게 등 3가지 해산물이 들어간 양념을 얹은 국(면이 들어간 것도 있음)도 좋아한다.

MAP P.112 A-2　용흐어(永和)

🏠 신베이스(新北市) 용흐어취(永和區)의 용흐어루(永和路)~중산루(中山路) 일대　🚃 MRT 딩시(頂溪) 역에서 도보로 약 10분

타이베이 시내에서 가장 현지 분위기가 나는
난지창예스
南機場夜市

예전에 이 주변이 비행장(機場)이었던 데서 그 이름이 유래되었다는 난지창예스(南機場夜市). 물만두 거리와 과일 주스 거리 등 거리별로 가게가 모여 있는 것이 특징이다. '라이라이수이자오관(來來水餃館)'의 쫄깃쫄깃한 물만두(10개 50元)가 가장 인기가 많다. 또 하루에 300개 한정이라는 고기 경단 노점상도 초 인기. 오후 2시 전에 줄을 서자.

MAP P.120 B-4　동취(東區)

🏠 중화루얼단(中華路二段)과 회이안제(惠安街) 사이 골목 일대　🚃 MRT 롱산쓰(龍山寺) 역 2번 출구에서 도보로 약 18분, 택시로 약 5분

신이(信義) 구 최대의 노포 야시장으로
린장제(통화제)예스
臨江街(通化街)夜市

타이베이101 근처로 속옷과 양말 등 패션 잡화 가게가 많다. 30년 이상 된 음식점도 있으며, 그 대표는 '라오디엔터우 타이난이미엔(老店頭 台南意麵)'의 평평하고 구겨진 면인 이미엔(意麵)이다. 면은 국물 있는 것과 없는 것 중 선택할 수 있다. 디저트가 먹고 싶다면 아이위쯔(愛玉子)와 선인초 젤리로 유명한 노포 '아이위즈멍유시엔차오(愛玉之夢遊仙草, P.70)'로!

MAP P.119 D-3　신이안흐어(信義安和)

🏠 린장제(臨江街)~통화제(通化街) 일대　🚃 MRT 신이안흐어(信義安和) 역 4번 출구에서 도보로 약 5분

정말정말 좋아!
타이완 디저트가 좀 더 먹고 싶어요

따끈따끈 맛있는 타이완 디저트. 아직 소개하지 못한 디저트가 많습니다.

시엔차오쭝흐어빙
仙草綜合冰

아이위(愛玉)와 시엔차오(仙草, 선인초)에 고구마 경단, 타피오카, 찹쌀 경단 등을 넣은 것. 우유 맛과 레몬 맛이 있다. 사진은 우유 맛. 50元 **A**

아이위시엔차오빙
愛玉仙草冰

목 넘김이 좋은 아이위와 쌉싸름한 선인초 젤리의 건강한 디저트. 50元 **A**

펑리뉴나이빙
鳳梨牛奶冰

파인애플 과육이 듬뿍 들어 있어 상큼한 밀크 빙수. 제철 과일을 사용하여 계절에 따라 맛이 조금씩 변한다. 60元 **B**

홍더우샤오탕위안뉴나이빙
紅豆小湯圓牛奶冰

향을 놓치지 않고 부드럽게 만든 팥과 우유의 단맛이 절묘하다. 찹쌀 경단도 인기 포인트. 60元 **B**

아이위즈리엔상시엔차오
A 愛玉之戀上仙草

선인초 젤리 전문점

아이위와 선인초 젤리로 유명한 '아이위즈멍유시엔차오(愛玉之夢遊仙草)'의 통화제(通化街) 분점으로 2014년에 오픈했다. 엄선한 소재를 사용한 아이위와 선인초 젤리의 매끈매끈한 느낌이 좋다.

MAP P.122 B-3 공관(公館)
🏠 汀州路三段169號 ☎ 02-2363-8800
🕐 12:00~22:00, 토·일 12:00~23:00 休 없음 🚫 불가능 🚇 MRT 공관(公館) 역 4번 출구에서 도보로 약 4분

타이이뉴나이다왕
B 台一牛奶大王

학생에게 사랑받는 아주 오래된 가게

1956년에 창업. 타이완대학 앞에서 오랜 시간 학생들의 사랑을 받고 있다. 인기 비결은 까다롭게 고른 팥이 올라간 홍더우샤오탕위안뉴나이빙(紅豆小湯圓牛奶冰)과 파인애플을 사용한 펑리뉴나이빙(鳳梨牛奶冰).

MAP P.122 C-2 공관(公館)
🏠 新生南路三段82號 ☎ 02-2363-4341
🕐 11:00~23:00 休 없음 🚫 불가능 🚇 MRT 공관(公館) 역 3번 출구에서 도보로 약 7분

자오파이리지빙
招牌荔枝冰

리치 셔벗. 리치 과육을 그대로 얼려서 단순하고 소박한
맛. 45元 C

훈다빙
混搭冰

6가지 중 2가지를 선택한다. 사진은 리
시엔빙(李鹹冰, 매실)과 위터우빙(芋
頭冰, 타로 고구마). 매끄럽게 입 안에
서 녹는 맛이 매우 좋다. 45元 C

자오파이펑리빙
招牌鳳李冰

자두, 스타 프루트, 파인애플
토핑. 자연의 부드러운 단맛이
입안 가득 퍼진다. 45元 C

싱런쉐화빙
杏仁雪花冰

행인 밀크를 얼려서 만든 빙수. 타피오카와 찹쌀 경단
등 4가지 토핑을 선택. 90元 D

싱런샤오
杏仁燒

차갑거나 뜨거운 행인 밀크에 좋
아하는 토핑을 4가지 선택(행인 두
부 없이). 70元 D

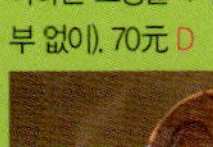

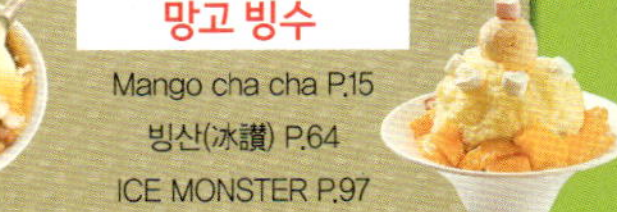

기본 디저트를 맛보고 싶다면

망고 빙수

Mango cha cha P.15

빙산(冰讚) P.64

ICE MONSTER P.97

더우화(豆花)&타피오카 디저트

동취펀위안(東區粉圓) P.60

딩샹더우화(丁香豆花) P.64

싸오더우화(騷豆花) P.97

우유 푸딩

쌍메이마(双妹嘜) P.64

베이먼펑리빙
C 北門鳳李冰

소박한 과일 셔벗

파인애플과 리치 같은 과일과 타
로 고구마 등 타이완산의 천연 재
료를 고집하는 젤라토가 메인 상
품. 손 글씨로 칠판에 적혀 있는
메뉴가 따뜻한 분위기를 더한다.

MAP P.119 D-2 동취(東區)

🏠 忠孝東路四段216巷9號 ☎ 02-2711-
8862 🕐 12:00~21:30 休 하계: 없음, 동계:
월요일 💳 불가능 🚇MRT 중샤오둔화(忠孝
敦化) 역 3번 출구에서 도보로 약 5분

위지싱런더우푸
D 于記杏仁豆腐

행인 두부 인기 가게의 체인점

첨가물을 넣지 않은 소박하고 그
리운 맛이 인기. 간판 상품인 싱런
더우푸(杏仁豆腐, 50元), 일명 행인
두부에는 행인 밀크를 뿌려 먹는다.
얼린 행인 밀크로 만든 싱런쉐화빙
(杏仁雪花冰)은 눈처럼 푹신푹신!

MAP P.120 B-1 시먼(西門)

🏠 衡陽路101號 ☎ 02-2370-1998 🕐
10:30~22:00 休 없음 💳 불가능 🚇MRT
시먼(西門) 역 4번 출구에서 도보로 약 1분

Column

타피오카 음료를 주문해 보자

타이베이에 왔다면 꼭 먹어야 할 음료. 단맛을 조절하여 취향대로 한잔 즐겨 보자!

주문해 본 곳은 여기!

춘수이탕이 지점을 오픈!

차 탕 회 이
茶湯會

타이베이의 오래된 찻집 '춘수이탕(春水堂, P.23)' 계열의 음료수 매장. 천연의 무첨가 찻잎을 사용한다. 향이 좋은 철관음 우롱차를 사용한 타피오카 밀크티 '관인나티에(觀音拿鐵)'가 간판 메뉴.

옌지디엔(延吉店)
MAP P.119 D-2
동취(東區)
🏠 延吉街153−5號

우선 카운터에서 주문. 가게에 따라 타피오카 종류와 크기를 선택할 수도 있다. 차탕회이에서는 단맛과 얼음 양을 조절할 수 있다. 메뉴는 한자로 적혀 있으므로 손가락으로 가리켜 주문할 수 있다. 뭘 마실지 고민될 때 추천하는 메뉴는 타피오카를 넣은 철관음 우롱차 라테인 '관인나티에' 65元.

주문할 때 조절하자

차탕회이에서는 단맛을 빠펀탕(八分糖, 당도 80%), 반탕(半糖, 당도 50%), 웨이탕(微糖, 당도 40%), 우탕(無糖, 무당), 얼음은 표준, 웨이빙(微冰, 얼음 조금), 취빙(去冰, 얼음 없이)를 선택할 수 있다. 르어인(熱飲, 뜨겁게)과 령인(冷飲, 차갑게)도 있다.

계산을 마치면 영수증을 받아 대기. 자신의 번호가 불리면 가지러 간다. 대개 중국어로 번호를 부르니 영수증을 보여 주고 확인하자.

드디어 완성~! 관인나티에와 오교치가 들어간 레몬 녹차 '아이위닝멍뤼(愛玉檸檬綠)'를 구입. 아이스 음료의 큰 사이즈는 600cc의 대용량! 오른쪽 사진은 아이위닝멍리의 웨이탕(微糖, 당도 40%)과 웨이빙(微冰, 얼음 조금). 음료수에도 '194號'라고 주문 번호가 적혀 있다.

테이크아웃용의 비닐 백은 들고 다니기 편리해서 음료수를 마실 수 없는 MRT로 이동할 때 보관하기 좋다!

주문 시에 사용하는 중국어를 체크!

정창티엔두(正常甜度) 기본(※)	뚜어빙(多冰) 얼음 많이
부야오타이티엔(不要太甜) 단맛 90%	샤오빙(少冰) 얼음 조금
샤오탕(少糖) 단맛 70%	취빙(去冰) 없음 없이
반탕(半糖) 단맛 50%	전주(珍珠) 타피오카
웨이탕(微糖) 단맛 30%	아이위(愛玉) 오교치
우탕(無糖) 무당	※ 기본 주문은 단 편일 때가 많다

아직도 남았다!
음료수 매장 체인점!

타이베이 거리에서 눈에 띄는 노란색 간판

우 스 란
50嵐

얼음과 단맛을 세심하게 조절할 수 있다. '전주(珍珠)'는 작은 크기의 타피오카, '보바(波霸)'는 큰 사이즈 타피오카를 뜻한다.

한국에도 진출한 체인점

컴 바 이
COMEBUY

'건배'와 'come by(들르다)'가 연상되는 가게. 한국에도 홍대입구역 근처에 1호점을 열었다.

귀여운 캐릭터가 눈에 띄는

코 코
COCO

해외에도 적극 진출 중이다. 선도를 지키기 위해 만든 지 3시간 이내의 타피오카만 사용한다.

유명 찻잎 브랜드의 매장

티 엔 런 밍 차
天仁茗茶

차 브랜드 '티엔런밍차'의 매장. 고품질의 찻잎을 사용한 차 음료수가 호평.

레몬×녹차의 하모니를 맛보자

칭 위
清玉

레몬 과즙과 녹차를 섞은 '페이추이닝멍뤼차(翡翠檸檬綠茶)'가 가장 인기. 상쾌함과 쓴맛의 균형이 좋다.

발을 뻗어
주변 지역을 돌아보는

욕심쟁이 루트

Route 6 — 지우펀×타임 슬립 루트

작은 타임 슬립 여행을 떠나자. 타이베이의 최신 장소를 확인하고, 지우펀(九份)에서 노스탤지어 기분에 잠기는 힐링의 3일.

지우펀 가는 방법

타이베이에서 고속버스로 약 1시간 30분!

타이베이 시내에서 지우펀까지는 MRT 중샤오푸싱(忠孝復興) 역에서 버스(1062 진주아스(金爪石) 방면/MAP P.118 B-1)를 타고 주다오(舊道) 버스 정류장에서 하차. 약 1시간 반 정도 걸리며 편도 120元. 지우펀에서 지롱(基隆)으로 가는 버스는 자주 있으므로 약 30~40분이면 도착. 지롱에서 타이베이(台北) 역까지는 철도로 약 60분이다.

Schedule

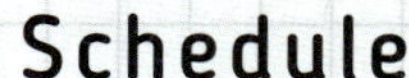

DAY 1

11:00 타이베이 도착!

🚌🚈 리무진 버스 or MRT로 이동

13:30 호텔에 체크인

🚈 MRT로 중샤오푸싱(忠孝復興) 역으로

14:00 현지인 여성에게 인기인
르광카페이
日光咖啡에서 천천히 점심

우선 여행의 작전 회의를

도보

15:30 SOGO 復興館 ~ 東區 쇼핑가를
소고 푸싱관   동취
어슬렁어슬렁

🚈 MRT로 중샨궈중(中山國中) 역으로

이동 시간 약 7분

18:30 저녁은 老舅的家鄉味의
라오지우더지아샹웨이
쏸차이바이러우궈를

DAY 2

8:30 姜太太包子店의 고기만두를 꿀꺽
쟝타이타이바오쯔디엔

🚌 고속버스로 지우펀(九份)으로

소요 시간 약1시간 30분

10:30 九份木展手創館에서 귀여운
지우펀무지쇼우촹관
샌들 사기

셀프 선물!

도보로 약 4분

11:30 意象陶坊에서 가볍게 도예 체험
이샹타오팡

도보로 약 4분

13:30 九份傳統魚丸에서 명물 위완탕을
지우 펀 촨 퉁 위 완

도보로 약 2분

14:30 멋진 경치를 보면서
阿柑姨芋圓店의 경단을
아 간 위 위 안 디 엔

걸어서 바로

15:30 如意에서 대나무 제품을 구입
루 이

걸어서 바로

17:00 멋진 카페 吾穀茶糧 SIID CHA에서
우구차량   시 드   차
느긋하게

🚌🚕 버스나 택시로 지롱(基隆)으로

지롱먀오커우예스(基隆廟口夜市, P.69)에서 B급 식도락을 맛보자

철도로 타이베이로 돌아오기

DAY 3

9:00 圓圓早點에서 아침밥을
위안위안자오디엔

타이완식 햄버거!

도보로 약 14분

10:00 総統府 근처에서 일본식 건축을 견학
종 통 푸

도보로 약 21분

11:00 Q square 京站時尚廣場에서 쇼핑
큐   스퀘어   징잔스상광창

🚕🚈 택시 or MRT로 이동

사지 못한 것이 없는지 확인

13:00 호텔에서 짐을 찾아 공항으로

타이베이 도착! 우선 멋진 가게가 많은 동취(東區) 지역을 산책하고, 마음에 드는 카페와 가게를 확인하자.

14:00	**15:30**	**18:30**

14:00

카페에서 맛있는 식사를

르광카페이
日光咖啡

레스토랑으로 시작한 카페라 음식이 맛있다. 동취 지역에 있는데로 조용하고 쾌적하다.

MAP P.118 B-1 동취(東區)
🏠 市民大道四段37巷2號 ☎ 02-8773-0550 🕐 11:00~22:00(점심은 11:30~14:00) 🚫 월요일 🈲 불가능 🚈 MRT 중샤오푸싱(忠孝復興) 역 5번 출구에서 도보로 약 10분

15:30

타이베이의 '지금'을 알 수 있다!

소고 푸싱관 동취
SOGO 復興館~東區 쇼핑가

2개의 SOGO와 웨이펑광창(微風廣場) 등 백화점이 늘어선 동취를 산책해 보자.

MAP P.118 B-1 동취(東區)
🏠 忠孝東路三段300號 ☎ 02-2776-5555 🕐 11:00~21:30, 금·토 11:00~22:00(지하 슈퍼마켓과 스타벅스는 9:00부터) 🚫 없음 ✅ 가능 🚈 MRT 중샤오푸싱(忠孝復興) 역에서 바로

18:30

사이드 메뉴가 풍부한 훠궈 가게

라오지우더지아샹웨이
老舅的家鄉味

절인 배추와 고기가 들어간 쏸차이바이로우궈(酸菜白肉鍋)는 적절한 산미가 입맛을 돋운다.

MAP P.114 B-2 중산궈중(中山國中)
🏠 復興北路307號 ☎ 02-2718-1122 🕐 11:30~14:00, 17:00~22:00 🚫 없음 ✅ 가능 🚈 MRT 중산궈중(中山國中) 역에서 도보로 10분

1 고기, 양배추, 부추에 오이, 산채(신 맛이 있는 채소) 등 독특한 종류도. 모두 1개 15元으로 갓 쪄낸 것 **2** 많은 양을 사는 사람도

줄의 앞쪽에는 속이 듬뿍 든 따끈따끈한 고기만두

장타이타이바오쯔디엔
姜太太包子店

아침부터 항상 줄이 늘어서는 고기만두 전문점. 판매 장소는 1평 정도밖에 되지 않지만 2층의 식당은 넓다. 가게 안에서 아침의 풍경을 내려다보며 고기와 채소가 잔뜩 든 고기만두를 볼이 미어터지게 먹자. 10시 반까지는 아침 식사 메뉴도 판매한다.

MAP P.118 B-2 동취(東區)

復興南路一段180號 ☎ 02-2781-6606 ◷ 월~금 6:00~19:00, 토 6:00~18:00 ㉻ 일요일 ▭ 불가능 ● × Ⓜ × 🚌 MRT 중샤오푸싱(忠孝復興) 역 2번 출구에서 바로

2 솜씨 좋게 갱기를 잡아 주므로 맞춤도 순식간 **3** 단순한 디자인에도 기술이. 겹친 끈 부분을 사선으로 연결해 신고 벗기 쉽게 만들었다

1 여성용 샌들은 590元부터 2000元 정도까지. 디자인을 직접 선택할 수도 있다. 발뒤꿈치 부분이 없는 다이어트 샌들과 발 경혈을 자극하는 돌기가 달린 건강 샌들 등 재미있는 물건도 있다

다양한 디자인의 샌들풍의 나막신을 GET

지우펀무지쇼우창관
九份木屐手創館

지우펀라오제(九份老街)의 메인 거리인 지산제(基山街)에서 볼 수 있는 나막신 가게. 그리운 거리의 분위기와 어울리는 자연발생적인 명물이 된 나막신이지만 최근에는 웨지 샌들풍의 세련된 디자인도 있다. 걷기 쉽도록 연구하여 평소에 사용하기 편리하다. 천 무늬도 직접 선택할 수 있고 5분 정도면 샌들이 완성된다.

MAP P.112 A-3 지우펀(九份)

新北市瑞芳區基山街31巷1號 ☎ 02-2496-6480 ◷ 9:30~18:00 ㉻ 없음 ▭ 가능 🚌 주다오(舊道) 버스 정류장에서 도보로 약 3분

에스닉 무늬 샌들 790元

기능적인 뮬 타입 790元

아이용 150元. 보조 고무도 붙일 수 있다

고양이가 있는 조용한 공방에서 도자기 만들기에 도전

<이 상 타 오 팡>
意象陶坊

메인 거리에서 한 블록 아래인 칭비엔루(輕便路)에 있는 도예 공방. 고양이가 졸고 있는 가게에서는 400元으로 도예 체험을 할 수 있다. 비어 있다면 지나는 길에도 OK. 언어는 통하지 않지만 선생님이 옆에서 천천히 보여 준다. 그림을 그리고 구우면 한 달 후 도착.

MAP P.112 A-3　지우펀(九份)
🏠 新北市瑞芳區輕便路278號　☎ 02-2406-2388　🕐 10:00~18:00　休 화요일　🚫 불가능　💬 × 🚇 × 🚌 MRT 주다오(舊道) 버스 정류장에서 도보로 약 8분

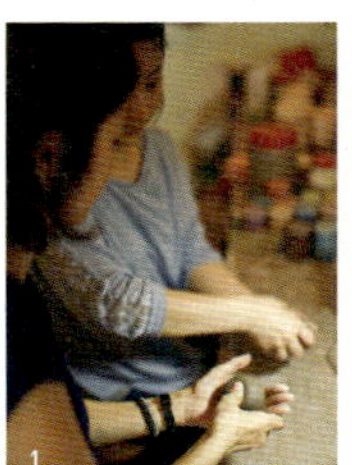

1 녹로 없이 손으로 반죽해서 귀여운 찻잔을 완성　**2** 주인은 고양이를 좋아해서 도예 체험에서는 그릇 말고도 작은 고양이를 만들 수도 있다　**3** 그릇에도 작은 고양이가 한 마리　**4** 마스코트인 고양이가 작업대 위에서 꾸벅꾸벅 졸기도 한다. 시간이 느긋하게 흐르는 공방

잘 졸인 기본 루로우판 25元

쭈이지 160元. 샤오싱주의 향이 좋다

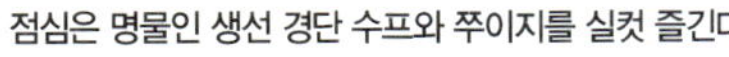

여성 직원의 활기찬 접객도 명물. 가게 주인도 여성

점심은 명물인 생선 경단 수프와 쭈이지를 실컷 즐긴다

<지 우 펀 촨 통 위 완>
九份傳統魚丸

점심은 지우펀의 명물인 생선 경단 국물로 잠깐 휴식. 비가 많이 내리는 지우펀에서는 뜨거운 국물이 대인기. 휴일에만 나오는 당면 볶음과 루로우판(魯肉飯)의 소박한 맛에 가슴이 녹는다. 메뉴는 간단한 것만 있는 것 같지만, 샤오싱주(紹興酒)에 닭고기를 절인 '쭈이지(醉鷄)'라는 본격적인 중화요리도 준비되어 있다.

종흐어위완탕(總合魚丸湯)은 흰살 생선 어묵, 고기소가 들어간 푸지엔성(福建省) 스타일 어묵, 오징어 경단의 3가지가 들어간 것이 45元. 각각 주문할 수도 있지만 사이즈와 식감이 다르므로 모두 먹고 비교하는 것을 추천

MAP P.112 A-3　지우펀(九份)
🏠 新北市瑞芳區基山街25號　☎ 02-2496-8469　🕐 10:00~19:00, 토·일·공휴일 10:00~20:00　休 부정기적　💬 불가능　🚌 주다오(舊道) 버스 정류장에서 도보로 약 3분

Route
6

1 한 그릇에 40元 2 경단을 만드는 공간을 지나면 2층에 있는 전망대가 나온다 3·4 창밖으로 산의 경치를 감상할 수 있다. 데이트 장소로도 인기가 많아 밤이 되면 커플로 가득 찬다

180°의 전망대에서 타로 고구마 경단 간식

阿喆姨芋圓店

디저트로는 또 하나의 명물인 타로 고구마 경단을. 이 가게는 지우펀의 상징인 제등이 늘어서 있는 언덕길 시엔치루(賢崎路)를 오른 곳에 있다. 입구에서 타로 고구마가 듬뿍 든 단팥죽(빙수도 있음)을 사서 가게 안에 있는 전망대로. 180°로 설치된 창으로 산의 경치를 내려다보며 옛날 그대로의 맛을 느껴 보자.

MAP P.112 A-3 지우펀(九份)

🏠 新北市瑞芳區賢崎路5號 ☎ 02-2497-6505
🕐 월~금 9:00~20:00, 토 9:00~23:00 休 없음
🍴 불가능 🚌 주다오(舊道) 버스 정류장에서 도보로 약 7분

바구니와 대나무 제품이 싸고 풍부한 선물 가게로

如意

가게 앞에 무심히 놓여 있는 나무 찜통에 매료되어 들어가 보면 대나무로 만든 바구니, 손바닥 크기의 인형 등의 선물에 딱 맞는 잡화가 협소하게 늘어서 있어 압도당한다. 잘 보면 차 도구와 깊이 있는 분위기의 국그릇도 많다. 맞은편의 자매 가게 '루위안(茹緣/MAP P.112 A-3)'에는 경극 가면 등 매니악한 선물도 있다.

MAP P.112 A-3 지우펀(九份)

🏠 新北市瑞芳區基山街49號 ☎ 02-2496-6227
🕐 월~금 10:00~19:00, 토·일 10:00~21:00 休 없음 🍴 가능 🚌 주다오(舊道) 버스 정류장에서 도보로 약 6분

1 아름다운 바구니 2 자매 가게인 '루위안(茹緣)'에는 경극 가면이 즐비하다. 1개 390元부터. 포대극(布袋劇)이라는 타이완 전통 인형극의 인형도 있다

3·4 루위안의 손바닥 크기의 바구니 300元부터 5 루위안의 꽃무늬 부채 180元 6·7 루위안의 수첩 커버 230元. 중국풍의 잡화는 무늬가 풍부하다

경치가 멋진 카페에서 가볍게 레이차 체험

吾穀茶糧 SIID CHA
우구차량 시드 차

전망대 옆에 있는 멋진 카페에서 한숨 돌리자. 오너는 갈아서 으깬 곡물을 차처럼 마시는 레이차(擂茶) 공장의 2대째로 손쉽게 레이차 체험을 할 수 있는 세트가 인기. 그밖에도 레이차에서 힌트를 얻은 차 종류, 잡곡을 넣은 죽 등 건강한 메뉴가 풍부하다. 몸도 마음도 만족스러운 공간이다.

MAP P.112 A-3 지우펀(九份)
🏠 新北市瑞芳區基山街166號 ☎ 02-2496 -9976 🕐 12:00~19:00 休 없음 ▭ 가능
🚌 주다오(舊道) 버스 정류장에서 도보로 약 7분

대추와 구기자 간식은 서비스

전망대 같은 경치는 최고. 각 층의 창이 커서 3층 자리는 마치 공중에 있는 것 같은 테라스석도 있다

잡곡 음료수 선물 세트 800元

1 2층 자리에서 본 풍경. 창이 커서 시원스럽다 **2** 하카족 문화로서 전해지는 레이차. 원래는 30분 이상 으깨야 마실 수 있는 것이지만 잡곡을 변형하여 5분 만에 간단히 마실 수 있도록 개발했다고. 390元 세트로 가볍게 전통 문화를 체험할 수 있다 **3** 차 메뉴도 풍부하다. 가장 인기 있는 것은 바이타오우롱차(白桃烏龍茶) 160元

DAY3
일본 강점기 시대의 역사가 남은 건축물을 보면서 타이베이(台北) 역 주변을 어슬렁어슬렁 산책. 마지막으로 선물 사는 것도 잊지 말길!

9:00	**10:00**	**11:00**

9:00
타이완풍의 소박한 햄버거

圓圓早點
위안위안자오디엔

타이완풍 햄버거는 달걀 프라이와 패티만 들어가 부드러운 빵과 잘 어울린다. 같이 먹기는 역시 두유가 좋다.

MAP P.121 D-1 타이베이(台北) 역 주변
🏠 許昌街26之3號 ☎ 02-2389-7687
🕐 6:00~12:00 休 공휴일 ▭ 불가능 🚇 MRT 타이베이츠어잔(台北車站) 역 M8번 출구에서 도보로 약 2분

10:00
일본 강점기 시절의 건축물이 남아 있다

総統府~台北 역 주변
종통푸 타이베이

타이베이 역 주변에는 일본 강점기 시대의 건물이 남아 있다. 대표적인 것은 총통부, 타이완은행 본점, 얼얼빠지니엔공위안(二二八記念公園) 등.

MAP P.120 C-2 타이베이(台北) 역 주변
🏠 重慶南路一段122號 ☎ 02-2312-0760 🕐 9:00~12:00 休 토·일 🚇 MRT 타이베이츠어잔(台北車站) 역 M8번 출구에서 도보로 약 15분

11:00
하이센스의 선물을 찾아보자

Q square 京站時尚廣場
큐 스퀘어 징잔스상광창

타이베이 역 앞의 대형 쇼핑몰. 화장품 브랜드 '아위안(阿原)', '장신비신(薑心比心)' 등 선물 살 곳이 모여 있다.

MAP P.117 D-4 타이베이(台北) 역 주변
🏠 承德路一段1號 ☎ 02-2182-8888 🕐 11:00~21:30, 금·토 11:00~22:00 休 없음 ▭ 가능 🚇 MRT 타이베이츠어잔(台北車站) 역 M1번 출구에서 바로 연결

Route 6

Route
7
단수이×사이클링 루트

오토바이가 많은 타이완이지만 사실 자전거도
인기가 많다. 특히 인기 많은 단수이(淡水)의
사이클링 코스를 달려 보는, 활동적인 3일.

단수이 가는 방법

타이베이에서 MRT로 약 30분!
MRT 단수이 선 타이베이츠어잔(台北車站) 역에서
단수이 역까지 약 30분. 환승도 필요 없다. 사이클
링 코스는 단수이 강을 따라 타이베이 시내까지 연
결되어 있지만, 시내에서 단수이까지 자전거로 오
면 2시간 이상 걸리므로 그 앞의 관두(關渡) 역에
서 출발하는 것이 보통이다.

Schedule

DAY 1

우선은 타이베이 최절정의 장소로. 느긋하게 쉰 후 본격 북경오리를 먹으며 내일의 사이클링을 준비하자.

14:00

일본 강점기 시절의 목조 건물에서 잠깐 휴식

CAFE SOLE
카 페 솔

담배 공장의 옛터에 생긴 예술적인 장소 쏭샨원창위안취(松山文創園區) 안에 있는 카페. 약 80년 전에 세워진 목조 건물을 살린 가게로, 학교처럼 단순한 인테리어가 차분하다. 산책하는 사이 커피나 페리에로 한숨 돌리자.

MAP P.119 E-1 신이(信義)
光復南路133號 松山文創園區 안 ☎ 02-2767-6076 🕐 9:00~18:00 休 없음 불가능 MRT 스정푸(市政府) 역 1번 출구에서 도보로 약 10분

18:00

여행 오기 전에 예약한 본격 북경오리에 도전

宋廚菜館
송 추 차 이 관

숯불에 구운 북경오리를 그 자리에서 썰어 주는 유명 베이징 요리 가게. 사이드 메뉴도 이곳에서만 먹을 수 있는 일품이 많아 늘 예약으로 차 있기 때문에, 미리 예약을 해 두고 떠나는 것을 추천.

MAP P.119 F-1 신이(信義)
忠孝東路五段15巷14號 ☎ 02-2764-4788 🕐 11:30~14:00, 17:30~21:00 休 월요일 가능 MRT 스정푸(市政府) 역 1번 출구에서 바로

강을 따라 사이클링 로드를 달리고, 향수어린 옛 거리를 걷고, 아름다운 노을을 바라본다. 하루 동안 단수이를 즐겨 보자.

9:00

관두~단수이 사이클링

타이베이 시 주변에는 7개의 사이클링 코스가 설치되어 있어 야외 활동을 즐기는 사람들의 모습을 볼 수 있다. 관두(關渡)와 단수이(淡水)를 잇는 '진써수이안쯔싱츠어다오(金色水岸自行車道)'는 자연 환경도 좋아 인기가 많은 코스이다. 여행자도 자전거를 빌릴 수 있으므로 이왕이면 관두 역에 내려 바람을 느끼면서 단수이로 향하자.

1·2 MRT 관두 역 1번 출구를 나와 바로 오른쪽으로 꺾어서 걷다 보면 자전거 대여점이 몇 곳 보인다. 자전거 대여점이 있는 거리부터 관두공(關渡宮)이라는 절까지 5분 정도 걸린다. 관두공의 옆이 진써수이안쯔싱츠어다오(金色水岸自行車道)의 입구다 3 1인당 미네랄워터 1병을 서비스로 제공. 더운 날의 수분 보충은 확실히 하자

자전거 빌리기

자전거 대여료는 1대 100元부터이며 여권을 제시해야 한다. 자전거 크기와 기어의 유무에 따라 가격이 조금씩 다르다. 단수이(淡水) 역 부근의 지점에서 바로 반납할 수 있는 시스템이므로 단수이 강을 지난 빠리(八里)에도 지점이 있다. 지점에서 바로 반납할 때는 1대 당 추가 요금 50元을 더 내야 한다.

요 니 전 하 오
有你真好

MAP P.112 A-1   관두(關渡)

🏠 北投區大度路三段296巷40號 ☎ 02-2894-7832 🕐 9:00~18:00 休 없음 🛏 불가능 🚇 MRT 관두(關渡) 역 1번 출구에서 바로

관두에서 단수이까지, 사진도 찍으며 쉬엄쉬엄 가면 1시간 정도

완탕과 타이완식 짜장면 세트(135元)가 인기. 저우제룬(周傑倫)이 좋아하는 치킨(70元)에 리치 빙수(60元)를 함께 먹으면 배부르게 만족.

슈퍼스타가 사랑하는 완탕 가게에서 점심

바 이 예 원 저 우 다 훈 툰
百葉溫州大餛飩

타이완을 대표하는 뮤지션 저우제룬(周傑倫)도 다닌다고 하는 오래된 완탕 가게에서 점심. 세트 메뉴가 풍부하고 2층의 식사 공간은 시야도 좋아서 천천히 식사를 할 수 있다. 역사가 있는 완탕은 사이클링으로 지친 몸에도 좋은 맛이다.

MAP P.112 B-3 단수이(淡水)
🏠 新北市淡水區中正路177號 ☎ 02-2621-7286 🕐 10:30~20:00 休 없음 🚭 불가능 🚇 MRT 단수이(淡水) 역 1번 출구에서 도보로 약 10분

타이완 최고(最古)의 건축물을 보며 역사를 생각하다

홍 마 오 청
紅毛城

'홍마오(紅毛)'는 네덜란드인이라는 뜻이다. 약 370년 전에 당시 타이완을 통치하던 네덜란드인이 건축한, 타이완에서 가장 오래된 건물이 여기 단수이(淡水)에 있다. 산책하며 들러 보자.

MAP P.112 B-3 단수이(淡水)
🏠 新北市淡水區中正路28巷1號 ☎ 02-2623-1001 🕐 9:30~17:00(입장 무료) 休 첫째 주 월요일 💬 × 🚇 MRT 단수이(淡水) 역 1번 출구에서 도보로 약 20분

강을 따라 있는 카페에서 맛있는 라테와 팬케이크

앙 크 레 카 페
Ancre Café

단수이 강을 바라보고 있는 카페는 경치가 최고! 가게 이름 그대로 '배의 닻'을 테마로 한 가게 안은 여성 주인답게 귀엽다. 입구에서는 상상할 수 없을 정도로 넓어서 정박해 있는 배에 올라탄 느낌이다. 테라스 석을 추천. 그림도 귀여운 라테를 마시며 한숨 돌리자.

MAP P.112 B-3 단수이(淡水)
🏠 新北市淡水區中正路233之3號 2F ☎ 02-2626-0336 🕐 11:00~21:00 休 부정기 🚭 불가능 🚇 MRT 단수이(淡水) 역 1번 출구에서 도보로 약 15분

도넛처럼 보이지만 사실은 팬케이크 150元. 초콜릿이나 꿀을 곁들여 먹는다. 라테 190元은 헤이즐넛, 캐러멜 맛이 있다

부두의 '연인의 다리'에서 아름다운 노을을 보자

워 런 마 터 우
漁人碼頭

단수이 강이 타이완 해협으로 흘러 들어가는 부두에는
연인의 다리라는 뜻의 베이 브리지, '칭런차오(情人橋)'
가 있어서 저녁이 되면 커플과 가족 단위로 붐빈다. 여
기에서 보이는 아름다운 노을은 유명하다. 배 위에서 일
몰을 감상하는 크루징도 인기이다.

MAP P.112 A-1   단수이(淡水)

🏠 新北市淡水區觀海路   🚇 MRT 단수이(淡水) 역 1번 출구에서
버스 혹은 택시로 약 10분(라오제(老街)에서 페리로 약 10분)

1 저녁이 되면 칭런차오는 사람으로 가득 찬다
2 단수이에서 위런마터우까지의 미니 크루징도
인기 3 샌프란시스코를 따라 만들었다는 부두는
좋은 분위기

DAY3

오래된 커피 가게와 일본 강점기 시절의 건축물을 방문하고 타이베이를 대표하는 서점
에 가자. 마지막 날은 시먼팅(西門町)에서 타이완 문화를 접하자.

| 9:00 | 10:30 | 11:30 |

9:00

옛날부터 이어져 온 아침을 먹자

펑 다 카 페 이
蜂大咖啡

사이폰으로 내려 주는 본격적인
커피를 내는 가게. 토스트와 햄에
그라는 옛날부터 해 오던 모닝 세
트에 맛있는 커피로
아침을 좀 더 우아
하게 만드는 곳.

MAP P.120 B-1   시먼(西門)

🏠 成都路42號 ☎ 02-2371-9577 🕐
8:00~22:00 休 없음 💳 불가능 🚇
MRT 시먼(西門) 역 1번 출구에서 도보로
약 3분

10:30

현 문화의 발신지가 된 오래된 건축물

중 산 탕
中山堂

일본 강점기 시절에는 공회당으로
사용하던 건물. 현재는 클래식 콘
서트 등이 열리는 문화 홀, 카페,
다예관(P.20) 등이 있는 문화 시설
이다.

MAP P.120 B-1   시먼(西門)

🏠 延平南路98號 ☎ 02-2381-3137
🕐 9:00~22:00(가게에 따라 다름) 休 없
음 💳 불가능 🚇 MRT 시먼(西門) 역 5
번 출구에서 도보로 약 2분

11:30

대형서점은 젊은이들의 거리에도

청 핀 시 먼 디 엔
誠品西門店

학생으로 붐비는 메인 거리에 자
리 잡은 대형 서점 체인. 타이완의
책과 잡지는 어떤 느낌일까? 유행
하는 책은 무엇일까? 궁금하다면
타이완의 최신 출판 사정을 한눈
에 살펴볼 수 있는 이곳으로 발걸
음을 옮겨 보자.

MAP P.120 B-1   시먼(西門)

🏠 峨眉街52號 ☎ 02-2388-6588
🕐 11:30~22:30 休 없음 💳 가능 🚇
MRT 시먼(西門) 역 6번 출구에서 도보로
약 5분

Route
7

Route
8
우라이×유유자적
온천 루트

이틀째에는 하루를 투자해 타이완의 유명한 온
천지인 우라이(烏來)로 가자. 웅대한 자연과 온
천을 느긋하게 즐기는 사치스러운 3일.

녹음에
둘러싸여
힐링~

우라이 가는 방법

타이베이에서 버스로 약 1시간 30분!
MRT 타이베이츠어잔(台北車站) 역에서 직통 버스
(849 우라이 방면/MAP P.121 D-1)로 약 1시간 30분.
MRT 신디엔(新店) 역에서도 버스를 탈 수 있으며 이
곳에서는 약 40분이면 우라이라오제(烏來老街)에
도착. 라오제(老街)에서 일명 '흰 실 폭포'라 불리는
우라이푸부(烏來瀑布)가 있는 우라이터딩징라이취
(烏來特定景來區)까지는 광차로 약 5분이다.

Schedule

DAY 1

11:00 타이베이 도착!

🚌🚈 리무진 버스 or MRT로 이동

13:30 호텔에 체크인

🚈 MRT로 중정지니엔탕(中正紀念堂) 역으로

14:00 디 카 페 이
滴咖啡에서 잠깐 휴식

도보

중정지니엔탕(中正紀念堂) 역(MAP P.121 D-3) 주변을 산책

도보

18:00 황 룽 좡
黃龍莊에서 뉴로우미엔과 샤오롱바오로 저녁 식사

오래된 가정집 카페로 GO!

타이베이 관광의 기본

DAY 2

8:00 훠 리 판 퇀
活力飯糰의 특급 주먹밥을

🚌 MRT로 신디엔(新店) 역에서 버스로 우라이(烏來)로

이동 시간 약 40분

9:30 옛 온천 거리 우라이라오제
烏來老街를 산책

광차로 이동

10:30 우 라 이 푸 부
烏來瀑布를 견학!

광차로 이동

12:00 우라이라오제
烏來老街로 돌아가 노점에서 점심을

도보로 약 12분

13:30 푸 란 둬 우라이 지우 디엔
馥蘭朵烏來酒店에서 휴식

🚈 MRT로 크어지다로우(科技大樓) 역으로

이동 시간 약 2시간

20:00 타이베이로 돌아가
샤오리쯔
小李子에서 죽 뷔페

DAY 3

9:00 위안린상디엔
員林商店의 흑미 주먹밥을

도보로 약 10분

11:00 치유회이원쿠
秋惠文庫의 레트로한 세계로

🚕🚈 택시 or MRT로 이동

자료관 같은 카페

13:00 호텔에서 짐을 찾아 공항으로

DAY 1 타이베이에 도착한 날은 기본인 중정지니엔탕을 견학하고 근처의 가게로. 숨겨진 카페에서 안정을 취한 후 맛있는 샤오롱바오로 배를 채우자.

14:00

오래된 가정집이 여유 있는 공간으로 변신한 숨겨진 카페

디 카 페 이
滴咖啡

오래된 가정집을 개조한 카페를 선보이고 있는 디카페이 지점의 하나. 이곳 푸저우(福州) 지점은 타이완 사범교육관의 전 교장이 살던 건물로 입구가 마치 현관 같다. 가정집 스타일의 정원도 느낌이 좋으며 느긋하게 쉴 수 있다.

가게 안도 가정집을 살려서 개조. 언뜻 봐서는 카페 같지 않은 것이 좋다

MAP P.121 D-3 중정지니엔탕(中正紀念堂)
🏠 福州街11號 ☎ 02-2393-8080 🕐 8:00~18:00 ⊗ 월요일 🚭 불가능 🚇 MRT 중정지니엔탕(中正紀念堂) 역 2번 출구에서 도보로 약 10분

18:00

샤오롱바오와 뉴로우미엔이 맛있는

황 롱 좡
黃龍莊

숨겨진 샤오롱바오(小龍包) 맛집. 동네 주민은 물론 점심, 저녁 시간에는 근처 사무실에서 일하는 직장인으로 언제나 만원이다. 쓰촨(四川) 풍의 뉴로우미엔(牛肉麵) 등 면 종류도 인기 있으며 이것저것 나눠 먹는 것이 즐겁다.

MAP P.120 C-3 중정지니엔탕(中正紀念堂)
🏠 牯嶺街43號 ☎ 02-2322-4295 🕐 10:00~21:00 ⊗ 월요일 🚭 불가능 🚇 MRT 중정지니엔탕(中正紀念堂) 역 2번 출구에서 도보로 약 10분

드디어 우라이로 출발. 대자연에 둘러싸인 온천이 가장 즐겁다! 버스에서의 냉방 대책과 라오제를 걸을 만반의 준비를 하고 나가 보자.

8:00

1 자오파이판퇀(招牌飯糰) 30元은 유탸오(油條)와 로우송(肉鬆) 등의 기본 주먹밥 재료가 가득 **2** 주문을 받으면 그 자리에서 찹쌀에 속 재료를 넣는다. 역시 나오자마자 먹는 것이 맛있다!

양도 많은 타이완풍 주먹밥

훠 리 판 퇀
活力飯糰

우라이(烏來) 관광이 기다리고 있는 날은 타이완풍 주먹밥으로 아침 식사를 가뿐히 끝내자. 작은 가게지만 근처에 있는 타이완 사범대학 학생과 출근 전의 직장인이 많이 오기 때문에 항상 줄을 선다. 양은 보통 주먹밥의 3배. 게다가 찹쌀이라서 배부르다.

MAP P.122 B-1   스다루(師大路)

🏠 師大路39巷8號 ☎ 0989-621-411
🕐 6:30~13:30, 토 6:30~11:30 休 일요일, 공휴일 💳 불가능 🚇 MRT 타이띠엔다로우(台電大樓) 역 3번 출구에서 도보로 약 10분

9:30

향수어린 온천 거리를 어슬렁어슬렁
우 라 이 라 오 제
烏來老街

우라이에 도착하면 우선 온천에 붙어 있는 토산물 선물 가게와 원주민 식도락 노점이 늘어서 있는 오래된 온천 거리를 산책하자. 쭉 걸으면 왕복 20분 정도의 거리지만 도중에는 아타얄(泰雅) 족 민족박물관과 개성 넘치는 가게가 많다. 라오제 입구의 우라이 관광 센터에는 깔끔한 족탕도 있다.

MAP P.112 C-1   우라이(烏來)

🏠 新北市烏來區烏來街 🕐 6:30~13:30(가게에 따라 다름) 休 없음 💳 불가능 🚇 우라이(烏來) 버스 정류장에서 도보로 5분

광차로 이동

[구간] 우라이타이츠어잔(烏來台車站)~우라이푸부잔(烏來瀑布站)

[승차 요금] 13세 이상 65세 미만은 편도 50元, 7세 이상 13세 미만이나 65세 이상은 편도 30元

※ 왕복표는 없으므로 왕복할 경우에는 양쪽의 역에서 편도 표를 구입

[운행 시간] 8:00~17:00(휴일 등 사람이 많은 경우에는 16:40까지, 7·8월은 9:00~18:00)

흰 실 폭포를 보며 원주민 커피 한잔으로 휴식

烏來瀑布
우 라 이 푸 부

라오제(老街)에서 광차를 타고 약 5분. 일명 '흰 실 폭포'라 불리는 우라이푸부에 도착. 자연에 둘러싸인 폭포의 아름다움은 각별하다. 우라이의 원주민 아타얄(泰雅) 족의 쇼를 볼 수 있는 '추장주민원화거위주창(酋長文化歌舞劇場)'이 있다. 바로 앞에 있는 가게에서 원주민 문화를 느낄 수 있는 가방과 잡화를 구경하고, 폭포를 보면서 이곳에서만 마실 수 있는 커피로 휴식을 취하자.

원주민의 가면 280元은 부적으로. 열쇠고리 각 180元

1·2 폭포 주변에는 원주민 물건을 취급하는 가게가 늘어서 있다 3 원주민이 요리에 사용하는 향신료가 들어간 마가오(馬告) 커피 120元

昇瀧珈琲館
성 롱 카 페 이 관

MAP P.112 C-1 우라이(烏來)

🏠 新北市烏來區瀑布路9號 ☎ 02-2661-6799 🕐 8:30~17:00
😊 없음 💳 가능 🚋 광차 우라이푸부잔(烏來瀑布站)에서 바로

광차를 타고 왔던 길을 다시 가서 우라이라오제(烏來老街)로 돌아와 이번에는 노점에서 점심을 먹자. 명물인 대나무통에 쪄 낸 밥인 '주통판(竹筒飯)'과 멧돼지 소시지 등 원주민 요리를 먹으며 걷자. 가게 앞에는 신선한 색의 파와 녹색 채소가 진열되어 있는데 타이베이 시내와는 종류가 다르니 꼭 시도해 보자!

1 '주통판' 70元 2 우라이에 왔다면 꼭 먹어야 하는 멧돼지 소시지. 라오제에는 여러 노점이 늘어서 있으며, 다리에 가장 가까운 이 가게의 소시지는 1개에 35元 3 소시지는 향신료도 이 지방 특유의 것을 사용. 허브 같은 것이 많아서 풍미도 제각각

민물새우 튀김 100元

멧돼지 볶음 200元

Route
8

馥蘭朵烏來酒店

우라이(烏來)를 대표하는 럭셔리 호텔에서 기다리고 기다렸던 온천 타임. 미인탕이라 불리는 탄산수소 온천탕에서 피부가 매끈해지고, 강은 에메랄드 색으로 빛나 눈앞에 펼쳐지는 경치도 최고이다. 객실 열 곳에는 각각 소파와 침대가 있고, 천천히 온천을 즐길 수 있다. 호텔 안에서는 자연과 조화된 다양한 퍼포먼스를 즐길 수 있어 치유 효과가 크다.

MAP P.112 C-1 우라이(烏來)

🏠 新北市烏來區新烏路五段176號 ☎ 02-2661-6555 🕐 8:00~24:00(방 접수 10:30까지, 대욕탕 접수 23:00까지) ※목요일에 청소 休 없음 💳 가능 🚌 MRT 우라이(烏來) 버스 정류장에서 도보로 약 9분

1

2

3

4

5

6

1·3·4 개인실은 평일 1시간 840元부터(휴일은 980元부터, 동계+420元) 시작하는 코스와 1400元부터(휴일은 1600元부터, 동계+400元) 시작하는 코스의 2가지. 대욕탕도 수영복을 입을 필요는 없다 **2** 호텔 프런트는 별관에 있다 **5** 호텔 내 레스토랑 'ABU'는 홍콩 출신의 셰프가 솜씨를 발휘하는 일류의 맛을 자랑 **6** 애프터눈 티 세트 580元. 달콤한 음식뿐 아니라 한입 크기의 본격 요리도 함께 놓인다

아침 6시까지 문을 여는 죽 가게

샤 오 리 쯔
小李子

타이베이로 돌아오면 건강한 죽으로 저녁을. 주식은 죽이나 쌀밥 중 선택해서(모두 20元으로 리필 가능) 죽 늘어서 있는 반찬 중 좋아하는 것을 선택하는 시스템. 가격은 반찬별로 다르지만 1인 200元 정도면 충분한 양을 먹을 수 있다. 새벽까지 영업하므로 편리하다.

MAP P.118 B-4 신이(信義)
復興南路二段142-1號 ☎ 02-2709-2849
🕐 17:00~익일 6:00 休 없음 🚫 불가능
MRT 크어지다로우(科技大樓) 역에서 도보로 약 5분

1 반찬은 각 50~100元. 볶음과 달걀 프라이는 주문하면 요리해 준다 **2** 먹고 싶은 것을 손가락으로 가리키면 OK **3** 죽에는 고구마가 들어간다. 무말랭이 달걀구이인 차이부단(菜哺蛋) 90元 등

DAY 3 느긋하게 아침 식사는 타이완의 엄마의 손맛이 나는 주먹밥으로. 힐링 여행은 박물관 카페에서의 시간 여행으로 막을 내리자.

9:00

흑미를 사용한 소박한 주먹밥으로 아침 식사

위 안 린 상 디 엔
員林商店

건물 가게 같은 모습이지만 손님이 끊이지 않는 명물 주먹밥을 사자. 타이완산 흑미 100%, 20년 경력의 주인이 만드는 주먹밥의 따뜻한 맛은 각별하다. 속 재료에 들어가는 깨의 맛도 식욕을 당긴다. 수제 두유와 함께 먹자.

MAP P.121 E-3 캉칭롱(康青龍)
金山南路二段129號 ☎ 02-2391-2226 🕐 6:00~19:30,
토·일 6:30~18:00경 休 없음
🚫 불가능 🚇 MRT 동먼(東門)
역 3번 출구에서 도보로 약 12분

▶ 명물 흑미 주먹밥인 헤이판퇀(黑飯糰)은 1개 30元. 두유는 소 15元, 대 20元. 콩을 졸인 국 종흐어짜랑(總合雜糧)과 웰빙 음료 칭차오차(青草茶)도 인기

11:00

커피 한잔하며 옛 타이완을 알아보자

치 유 회 이 원 쿠
秋惠文庫

용캉제(永康街)의 입구가 되는 동먼(東門) 역 5번 출구 바로 앞에 있는 카페. 그러나 3층에 있는 데 더해 입구가 눈에 띄지 않아 이곳에 특별한 가게가 있는 줄 잘 모른다. 한 발짝 내딛으면 평범한 커피 가게는 아님을 한눈에 알 수 있다. 의사였던 주인이 취미로 조금씩 모은 타이완의 오래된 물건이 곳곳에 전시되어 있어 작은 자료관 같다. 귀국 전에 잠시 커피를 마시면서 타이완의 옛 추억을 느껴 보는 것도 운치 있고 좋지 않을까.

MAP P.121 F-3 캉칭롱(康青龍)
信義路二段178號 3F ☎ 02-2351-5723
🕐 11:00~19:00 休 월요일 🚫 불가능
MRT 동먼(東門) 역 5번 출구에서 바로

Route 8

Column

종류도 다양하다!
타이완 선물 노트

식품도 잡화도 매우 귀엽다. 느낌이 온 물건을 모두 데려오자!

왼쪽부터 '티엔런밍차(天仁茗茶)'의 홍옥 녹차, 지우이싼차왕(913茶王, 우롱차와 서양인삼 블렌드). 각 10개 세트, 125元 A

'티엔런밍차(天仁茗茶)'의 재스민 우롱차(뒤쪽)와 재스민 녹차(앞쪽). 각 20개 세트, 60元 A

'PEKOE'의 틴 잎차. 왼쪽은 동딩홍수이(凍頂紅水) 우롱차 600元, 타이완아리산(台灣阿裏山) 홍차 335元 B

에코를 호소하는 'daebeté'의 티백으로 왼쪽부터 흑우롱차, 벌꿀 우롱차. 각 15개 세트, 360元 B

키치한 포장에 반하는 색소 무첨가 애플 사이다 '다시궈핑(打西菓蘋)' 29元 A

타이완산 과일을 사용한 '짜이총홍(在欉紅)'의 잼. 파인애플과 산초나무의 열매인 화자오(花椒)가 들어간 화자오펑리궈장(花椒鳳梨果醬) 200g들이가 320元 B

'먀오지아팅추팡(妙家庭廚房)'의 수제 잼. 각 50g들이로, 왼쪽부터 블루베리 바나나 110元, 애플 시나몬 180元 B

선물로 돌리기 좋은 건과일. 왼쪽부터 망고, 씨 없는 흑설탕 매실 각 35元 A

후추맛이 강렬한 타이완의 인기 인스턴트 라면 '왕쯔미엔(王子麵)' 5개 세트, 40元 A

타이완 요리를 만들 수 있는 세트 '랴오리구스(料理菇事)'. 표고버섯과 간 돼지고기 볶음의 샹구로우짜오(香菇肉燥) 150元 B

'랴오리구스(料理菇事)' 시리즈로, 목이버섯 디저트를 만들 수 있는 세트. 구이위안무얼쩌우(桂圓木耳粥) 200元 B

집에서도 타이완 디저트를 재현 땅콩 스위트 밀크 수프 캔. 뉴나이화성(牛奶花生) 30元 A

우유나 설탕을 섞어 '뤼더우샤나이(綠豆沙奶)'를 만들거나 팩과 스크럽에 사용할 수 있다. 뤼더우펀(綠豆粉) 200g들이가 50元 A

뜨거운 물에 넣기만 하면 되는 타피오카, 꽤 양이 많으므로 조금씩 데쳐서 먹는 것을 추천. 시구미(西谷米) 200g 들이가 35元 A

잡화편

타이완을 테마로 한 마스킹테이프. 포장도 구엽다! 다른 무늬의 2개 세트 95元 B

타이완스러운 풍경을 잘라 붙인 소박한 마스킹테이프 6개 세트 270元 B

'모구(蘑菇, mogu)'의 타이완을 테마로 한 와펜 4개가 한 세트인 '타이완이바이징흐어이하오(台灣100景盒一號)'. 280元 C

'타이완이바이징흐어얼하오(台灣100景盒二號)'는 빙수, 샌들, 뤼요칭(綠油精), 선풍기가 수놓인 장식품이 한 세트로, 280元 C

타이완 과일과 동물이 그려진 엽서 각 50元. 청핀슈디엔(誠品書店)에는 우체통이 있으며 그 자리에서 편지를 부칠 수 있다. B

타이완의 색상 펠트로 만든 리본. 안전핀이 붙어 있어 가방 등에 달 수 있다. 200元 D

행운을 부른다는 작은 말 인형. 원색의 색 조합이 귀엽다. 각 120元 D

전통 꽃무늬 천을 사용한 산뜻한 느낌의 파우치. 화장품을 넣기에 딱 좋은 크기. 390元 D

그대로 선물해도 좋고 선물 포장에도 유용한 국기 스티커 15元 A

선물로 돌리기에 딱 좋은 자수 스트랩. 많이 사면 깎아 줄 때도 있다! 각 50元 D

A　SUPER MARKET

딩 하오　뭘 컵
頂好Wellcome
뤄 쓰 푸　　루즈벨트
羅斯福 RSV
MAP P.122 B-3　공관(公館)
羅斯福路三段285號 B1F

취안리엔푸리중신　화산디엔
全聯福利中心 華山店
MAP P.121 E-1　타이베이(台北) 역 주변
忠孝東路一段86號

까 르 푸　　지아르어푸
Carrefour 家樂福
충칭디엔
重慶店
MAP P.116 C-2　디화제(迪化街)
重慶北路二段171號

성 리 성 훠 바 이 훠
勝立生活百貨
솽 청 치 지엔 디 엔
雙城旗艦店(▶ P.51)

SHOP

청핀슈디엔
B 誠品書店
신 이 치 지엔 디 엔
信義旗鑑店

허오양쓰웨이 베리베리굿　싱 킹
C 好樣思維 VVG Thinking
(▶화산원창위안취(華山文創園區) 안/P.28)

청 지아 지아주
D 成家家居(▶ P.50)

드럭 스토어에서
미용 아이템을 구입해 보자

타이완의 시트 마스크는 에센스가 듬뿍 들어 가
격 이상의 가치를 한다. 한방 음료와 과자류도
충실하니 꼭 체크!

가게 안에 충전 코너가 있어 편리

Watsons 매장 안에서 무료 충
전 장소를 발견. 상자는 잠글 수
있다. 충전 코드는 본인이 준비
하자.

※ 분실·도난에는 충분한 주의를 기울이자.

음료수

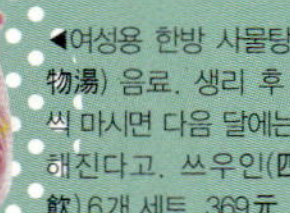

◀여성용 한방 사물탕(四
物湯) 음료. 생리 후 1병
씩 마시면 다음 달에는 편
해진다고. 쓰우인(四物
飲) 6개 세트, 369元

▶산후에 자주 마시는 생
화탕(生化湯) 음료. 냉
증, 생리 불순, 독소 배출
에 효과가 있다. 메이린성
화인(美人生化飲) 3개 세
트, 200元

◀오메가3, 식이섬유, 단백
질. 항산화물질이 풍부한
치아시드 음료. mr.CHIA 미
백·석류 맛 95元

시트 마스크

▶금박과 제비집 추출물을
배합하여 럭셔리한 느낌의
검은 시트 마스크 '황진엔
워룬저수이헤이미엔모(黃
金燕窩潤澤鎖水黑面膜) 5
개 세트, 299元

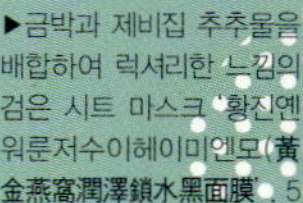
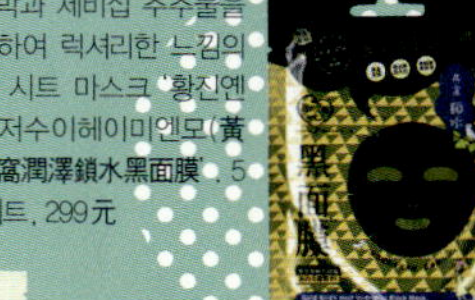

◀금과 콜라겐 성분을 배합한 시트 마스
크로. 시트를 귀에 걸쳐서 턱 주변에서
잡아 올린다. 워더메이리르지(我的美麗
日記)의 황금 콜라겐 리프트 스트레치
마스크. 8개 세트, 250元

◀착용하면 판다로 변신?! 진주와 바다
성분을 배합한 눈 전용의 부분 시트 마스
크. Deary의 슝마오하오펑요옌쪼우모(熊
貓好朋友眼周膜) 79元

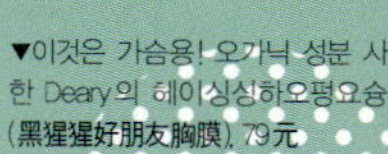

▼이것은 가슴용! 오가닉 성분 사용
한 Deary의 헤이싱싱하오펑요슝모
(黑猩猩好朋友胸膜) 79元

그 외

◀천연식물 성분을 사용한 무당
드로기 '페이쉐량(飛雪涼). 레몬
맛 2포 세트, 69元

▶박하 성분이 들어간 멘톨 계열
오일 '뤼요칭(綠油精). 두통, 근
육통, 벌레 물림, 졸음 쫓기 등
어디든 사용할 수 있다. 59元

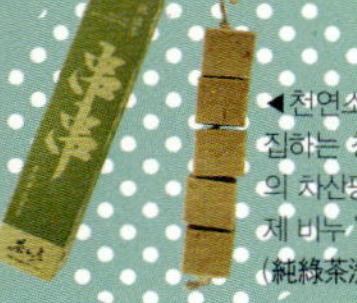

◀천연소재 100%를 고
집하는 창업 50년 역사
의 차산팡(茶山房)의 수
제 비누 '춘뤼차시쇼우촨
(純綠茶洗手串). 80元

◀타이완의 목캔디라면 바
로 이것 '웨이징두녠츠안피
파룬허우탕(味京都念慈庵
枇杷潤喉糖). 오렌지색은
금귤 레몬 맛으로, 24개들
이가 95元

▶뤼요칭 만큼 유
명한 만능 오일 '완
잉바이화요(萬應
白花油). 58元

코 스 메 드
COSMED

타이완 전국에 지점을 갖고 있
는 대형 체인. 중국어 표기는
'캉스메이(康是美)'.
신퉁윈먼스디엔(新通運門市店)
MAP P.120 C-1 타이베이(台北) 역 주변 忠孝西路一段50-1號

왓 슨 스
Watsons

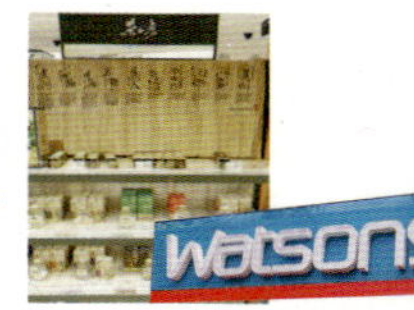

홍콩을 거점으로 아시아권에
가게를 늘리고 있는 체인. 중
국어 표기는 '취천스(屈臣氏)'.
관치엔디엔디엔(館前店)
MAP P.120 C-1 타이베이(台北) 역 주변 館前路18號

Area Guide

지역 가이드

동취
東區
동구

푸진제
富錦街
부금가

캉칭롱
康青龍
강청롱

디화제
迪化街
적화가

중샤오푸싱(忠孝復興) 역에서 궈푸지니엔관(國父紀念館) 역까지, 중샤오동루(忠孝東路)라는 큰길을 중심으로 번영한 동취. 유명 백화점과 부티크가 모여 있는 타이완 최대의 번화가이자 유행 발신지이다. 한편, 이 지역을 둘러보면 주인의 고집이 느껴지는 작은 가게와 카페가 나란히 들어서 있고, 골목 하나하나가 서로 다른 얼굴을 가지고 있어 개성 넘치는 멋쟁이 거리가 많은 것도 이 지역의 특징이다.

줄을 서서라도 먹고 싶은 망고 빙수

아이스 몬스터
ICE MONSTER

타이완의 망고 빙수 붐을 만들어 낸 '융캉스우(永康15)'가 이름을 바꾸고 새로 오픈했다. 타이완산 만을 사용해서 재료 본래의 맛을 중요시하여 만든 빙수는 모두 맛있다. 순수하게 망고의 맛을 느끼고 싶다면 '시엔망궈미엔화티엔(鮮芒果綿花甜, 하계: 240元/동계: 250元)을 추천. 폭신한 얼음 아래 달콤한 최고급 망고가 가득 들어 있다.

MAP P.119 D-1 🏠 忠孝東路四段297號 ☎ 02-8771-3263 🕐 10:30~23:30 休 없음 🚇 MRT 궈푸지니엔관(國父紀念館) 역 1번 출구에서 도보로 약 5분

타이난(台南)발 디저트 가게에서 선물을

탕춘 슈거 앤드 스파이스
糖村 Sugar&Spice

가장 추천하는 것은 진한 밀크누가에 아삭아삭한 아몬드를 넣어 만든 우유 설탕과 과육이 듬뿍 든 파인애플 케이크이다. 치즈를 사용한 깊은 맛의 별종 파인애플 케이크도 인기. 맛과 포장 모두 훌륭해 선물하기 딱 좋은 디저트를 찾을 수 있을 것이다.

MAP P.118 C-1 🏠 敦化南路一段158號 ☎ 02-2752-2188 🕐 10:30~23:30 休 없음 🚇 MRT 중샤오둔화(忠孝敦化) 역 8번 출구에서 도보로 약 5분

타이완 소녀들이 동경하는 귀여운 가게

다즐링 카페 민트
Dazzling Café Mint

타이완의 유명인이 만든 카페의 인기 메뉴는 허니 토스트. 일본과 한국 것을 기본으로 타이완 사람의 입맛에 맞게 변형했다는 이 토스트는 토핑이 귀여워서 눈으로도 즐길 수 있다. 핑크색, 흰색, 검은색을 기본으로 한 소녀스러운 공간에서 맛있고 귀여운 디저트를 먹으며 소녀 감성을 높여 보자.

MAP P.119 D-1 🏠 忠孝東路四段248巷3號 ☎ 02-2731-5199 🕐 월~목 12:00~21:30, 금·토 11:30~23:00 休 없음 🚇 MRT 중샤오둔화(忠孝敦化) 역 2번 출구에서 도보로 약 4분

차와 식사로 하루를 즐길 수 있는 다예관

시후런지엔차관
囍壺人間茶館

매운 훠궈인 마라궈(麻辣鍋)로 유명한 '딩왕마라궈(鼎王麻辣鍋)'가 만든 다예관(茶藝館). 찻잎은 모두 타이완산으로 수상 이력이 있는 농가에서 직접 사들여 그 맛과 품질을 보증한다. 타피오카 밀크티에는 르웨이에단(日月潭) 산의 위츠(魚池) 홍차를 사용하고, 직접 만든 탄력이 좋은 타피오카를 넣는다. 본격적인 타이완 차와 면류, 딤섬 등도 있어 휴식부터 식사까지 폭넓게 이용할 수 있다.

MAP P.119 D-1 🏠 光復南路180巷4號 1F ☎ 02-8773-4501 🕐 일~목 9:00~23:00, 금·토 9:00~24:00 休 없음 🚇 MRT 궈푸지니엔관(國父紀念館) 역 1번 출구에서 도보로 약 1분

과일이 듬뿍 든 수제 더우화

싸오더우화
騷豆花

전통적인 방법을 지키며 모든 과정을 손으로 만든 순두부 더우화(豆花)를 먹을 수 있는 가게. 타이완산의 신선한 콩을 사용해서 그 풍미를 느낄 수 있는 더우화는 시원하고 푹신푹신한 식감. 간판 메뉴는 과일에 따라 여름에는 망고와 수박, 겨울부터 봄에는 딸기 등 제철 과일을 사용한다. 신선한 단맛과 더우화의 부드러운 맛이 잘 어울린다.

MAP P.119 D-1 🏠 延吉街131巷26號 ☎ 02-8771-8901 🕐 12:30~22:30 休 일요일 🚇 MRT 궈푸지니엔관(國父紀念館) 역 1번 출구에서 도보로 약 2분

장난기 넘치는 VVG 브랜드의 세계

하오양찬팅 베리베리굿 비스트로
好樣餐廳 VVG BISTRO

여행을 좋아하는 주인이 세계에서 모아 온 이국정취 가득한 가구와 잡화에 둘러싸인 카페 레스토랑. 오픈키친에서 나오는 것은 창조적인 유럽풍 요리. 'VVG'는 'Very Very Good'의 약자로, 레스토랑 'VVG Table', 잡화와 서적을 취급하는 'VVG Something' 등 각각의 자매점이 있다.

MAP P.118 C-1 🏠 忠孝東路四段181巷40弄20號 ☎ 02-8773-3533 🕐 12:00~21:00 休 없음 🚇 MRT 중샤오둔화(忠孝敦化) 역 7번 출구에서 도보로 약 4분

현지 젊은이에게 인기 있는 와플 카페

카페이농 커피 앨리
咖啡弄 Coffee Alley

지금 타이베이에서 유행 중인 디저트는 와플이다. 그중에서도 호평인 가게가 시내에 6개의 점포가 있는 이곳이다. 겉은 바삭하고 속은 부드러우며 두껍게 구운 스타일로, 9가지 토핑을 듬뿍 올려 주며 크기도 크다. 커피 종류도 많아서 와플과 함께 먹으면 좋다.

MAP P.118 C-1 🏠 敦化南路一段187巷42號 2F ☎ 02-2711-1910 🕐 12:00~23:00(LO 22:00) 休 없음 🚇 MRT 중샤오둔화(忠孝敦化) 역 2번 출구에서 도보로 약 2분

우아한 공간에서 먹는 뉴로우미엔

티엔시아싼제
天下三絶

레스토랑 같은 인테리어가 인상적인 뉴로우미엔(牛肉麵) 가게. 인테리어 디자이너 출신의 창업자가 '맛은 물론 마음이 편해지는 공간과 서비스를 제공하고 싶다'는 생각으로 문을 연 티엔시아싼제(天下三絶)다. 면은 3가지 중 선택할 수 있고, 토마토와 양파를 오랜 시간 졸여 만든 육수는 담백한 맛이 좋다. 와인도 있으니 면 요리를 새로운 감각으로 즐겨보는 것은 어떨까?

MAP P.118 B-2 🏠 仁愛路四段27巷3號 ☎ 02-2741-6299 🕐 일~목 11:30~14:30, 17:30~20:30, 금·토 11:30~14:30, 17:30~21:00 休 없음 🚇 MRT 중샤오푸싱(忠孝復興) 역 3번 출구에서 도보로 약 5분

쏭샨(松山) 공항에서 가까운 푸진제 주변은 예전에 미군이 거주했던 지역이었기 때문에 어딘가 미국 분위기가 감도는 한적한 주택가이다. 최근에는 디자이너와 창작자가 모여들어 카페와 잡화점이 차례로 오픈하는 등 멋진 곳으로 주목 받고 있는 지역이기도 하다. 한편 옛날 가게들도 남아 있어 참깨 소스와 먹는 타이완의 기본 면인 '량미엔(凉麵)'의 숨겨진 격전지이기도 하다.

타이완의 좋은 물건을 만날 수 있는 편집 숍

푸진 트리
Fujin Tree 355

천연 염색 양복과 액세서리, 식기, 잡화 등 일본인 주인이 고른 아이템은 대부분 타이완 사람이 만든 것이다. 각 물건마다 이야기가 있어 매일의 생활을 채색해 주는 매력적인 것들뿐이다. 옆에는 숍처럼 개방적이며 기분 좋은 'Fuj in Tree 353 Cafe'가 있으니 꼭 들러 보자.

MAP P.115 E-2 富錦街355號 ☎ 02-2765-2705 🕐 12:00~20:30, 토·일 11:30~20:30 休 없음 🚇 MRT 쏭산지창(松山機場) 역 3번 출구에서 도보로 약 11분

나도 모르게 미소 짓게 되는 잡화들

팡팡탕　　　펀펀타운
放放堂 funfuntown

잡화부터 가구까지 취급하는 가게. 타이완을 기본으로 일본, 미국, 유럽 등 세계에서 모은 조금 독특한 물건들이 있다. 가게 안은 보기만 해도 즐거워지는 아이템으로 넘쳐 그야말로 'Fun fun town'이다. 타이완의 오래된 잡화에서 전통적인 분위기를 느낄 수 있는 등 개성적이면서도 어딘가 온기가 느껴진다.

MAP P.115 E-2 富錦街359巷1弄2號 ☎ 02-2766-5916 🕐 14:00~21:00 休 월·화요일 🚇 MRT 쏭산지창(松山機場) 역 3번 출구에서 도보로 약 12분

신선한 파인애플의 맛

웨이르어산치유　　　서니 힐즈
微熱山丘 SunnyHills

하루에 천 개를 파는 파인애플 케이크 전문점. 그 맛의 비밀은 소. 이곳은 100% 파인애플만 사용하여 소를 만든다. 과육의 맛을 그대로 살려 새콤달콤한 소는 향 좋은 버터를 사용해 사박사박한 반죽과 어울린다. 가게 안에 들어가면 시식용으로 차와 파인애플 케이크를 준다.

MAP P.115 D-3 民生東路五段36巷4弄1號 1F ☎ 02-2760-0508 🕐 10:00~20:00 休 없음 🚇 MRT 쏭산지창(松山機場) 역 3번 출구에서 도보로 약 13분

주말 브런치가 인기인 카페

울 루 물 루　　　푸진제
Woolloomooloo 富錦街

호주 출신의 건축 디자이너가 시작한 카페. 가게 이름은 호주 원주민의 말로 '큰 물고기'를 의미하며 시드니에 있는 항구의 이름을 따왔다. 유리컵으로 마시는 카페 라테와 호주산 맥주가 인기로 타이베이지만 호주의 분위기를 맛볼 수 있다. 수타 파스타, 피자 등 요리 메뉴도 호평.

MAP P.115 D-2 富錦街95號 ☎02-2546-8318 🕐 화~금 10:00~18:00, 토·일 9:00~18:00 休 월요일 🚇 MRT 쏭산지창(松山機場) 역 3번 출구에서 도보로 약 9분

영화에서 탄생한 귀여운 카페

둬얼카페이관　　　도터즈　카페
朵兒咖啡館 Daughter's Cafe

영화 '타이페이 카페 스토리'의 야외 촬영을 위해 만들어진 카페는 정식 가게로 오픈하자마자 금세 화제가 되어 푸진제가 주목 받는 계기가 되었다. 창작자가 만든 멋진 공간은 영화 팬은 물론 카페를 좋아하는 사람에게도 인기이다. 영화에 등장하는 파인애플 잼도 있으므로 영화의 세계에 빠져 먹어 보자.

MAP P.115 E-2 富錦街393號 1F ☎ 02-8787-2425 🕐 10:00~21:00 休 없음 🚇 MRT 쏭산지창(松山機場) 역 3번 출구에서 도보로 약 20분

빌라처럼 숨겨진 집 스타일의 레스토랑

푸진제
富錦街 No.108

시크한 분위기의 카페 레스토랑으로 프랑스 요리와 이탈리아 요리를 기본으로 오리지널 에센스를 더한 창작요리를 선보인다. 나무에 둘러싸인 정원에는 테라스석이 있어 우드 테이블과 의자, 파라솔이 리조트 느낌을 연출해 타이베이에 있다는 사실을 잊게 만든다. 티타임에는 애프터눈 티 메뉴를 추천.

MAP P.115 D-2 富錦街108號 ☎ 02-2546-6878 🕐 11:00~22:00, 토·일 8:00~22:00 休 없음 🚇 MRT 쏭산지창(松山機場) 역 3번 출구에서 도보로 약 9분

더운 날은 시원한 량미엔(涼麵)으로 결정!

빙 동 런 자 지 아 량 미 엔
屏東任家涼麵

메뉴는 량미엔(涼麵) 2가지 사이즈(대, 소)와 된장국 4가지가 전부인 심플한 가게. 가게 안에서 직접 만드는 면은 쫄깃하고 굵으며, 마늘이 듬뿍 든 새콤달콤한 진한 참깨 양념을 섞어 먹는다. 감칠맛이 있으면서도 식초가 들어가 산뜻한 맛은 여름과 잘 맞는다. 특제 라유를 뿌리면 더 맛있으니 취향에 따라 넣어 먹자.

MAP P.115 F-2 富錦街535號 ☎ 02-2749-4326 🕐 6:00~13:00 休 월요일 🚇 MRT 쏭산지창(松山機場) 역 3번 출구에서 도보로 약 22분

탄력이 강한 면이 인기

자 이 지 푸 지 엔 량 미 엔
載記福建涼麵

단단한 탄력이 있는 면이 특징인 량미엔(涼麵) 가게. 마늘이 들어가 매콤한 참깨 소스와 간장을 베이스로 한 국물은 가는 면을 적셔 먹기 쉬워서 호평을 얻었으며, 테이크아웃 손님도 많다. 자차이로우쓰미엔(榨菜肉絲麵)과 쮀장미엔(酢醬麵) 등의 면류와 공완탕(貢丸湯)과 로우구탕(肉骨湯) 등의 국도 있으니 여러 가지 메뉴를 시도해 보자.

MAP P.115 E-2 富錦街427號 ☎ 093-316-7325 🕐 7:30~20:00 休 일요일 🚇 MRT 쏭산지창(松山機場) 역 3번 출구에서 도보로 약 16분

용캉제(永康街), 칭티엔제(青田街), 롱취안제(龍泉街)를 합친 지역은 일본 강점기 시절에는 고급 관료의 거주지이자 타이베이 굴지의 학문 지구로 발전했다. 당시의 일본 가옥이 지금도 남아 있으며 일본과 타이완의 역사를 느낄 수 있는 장소이다. 옛날의 것과 지금의 것이 섞여 있는 분위기와 다른 곳과는 조금 다른 독창성 넘치는 가게를 둘러보는 것도 재미있을 것이다.

중후한 70년대의 모던 타이완

카 페 이 샤 오 쯔 요   카 페   리 베 로
咖啡小自由 Café Libero

40년 전에 세워진 집을 재건축한 카페로 당시의 인테리어를 살려 70년대의 모던한 향취를 느낄 수 있다. 알코올 종류도 많아 고급 위스키를 즐길 수 있는 방도 만들어 놓았다. 가게 안에는 'Le petit patissier'라는 제과점이 들어와 있어 가게 안에서 먹을 수도 있다.

MAP P.121 F-3 🏠 金華街243巷1號 ☎ 02-2356-7129 🕐 12:00~24:00, 일 12:00~18:00 休 없음 🚇 MRT 동먼(東門) 역 5번 출구에서 도보로 약 7분

마음이 따뜻해지는 분위기의 잡화 카페

샤 오 난 펑
小南風

사진가인 주인과 일러스트레이터인 부인이 운영하는 카페. 햇볕이 듬뿍 들어오는 내추럴한 가게 안에는 부부가 만든 오리지널 잡화와 현지 작가의 작품, 차 등이 있다. 갤러리이기도 하니 호텔 출신의 파티셰가 만드는 케이크를 맛보면서 예술 감상을 해 보면 어떨까.

MAP P.122 A-1 🏠 師大路68巷9號 ☎ 02-2363-3138 🕐 12:00~18:00, 토 12:00~22:00 休 일요일 🚇 MRT 타이띠엔다로우(台電大樓) 역 3번 출구에서 도보로 약 5분

온기 가득한 카페에서 타이완 시간을 만끽

비 엔 비 엔   카 페   숍
边边 Cafe Shop

2012년에 오픈한 용캉제(永康街)의 인기 카페 '시엔위(閑隅)'가 이전해서 오픈. 40년 된 아파트의 1~2층을 재건축한 가게 안은 레트로한 귀여움 속에 왠지 모를 생활감이 있어 묘한 안정감이 있다. 이전 가게의 콘셉트 '바쁜 타이베이의 거리에서 한숨 돌릴 수 있는 장소를' 그대로 가져와 무의식중에 오래도록 쉬고 싶은 공간을 제공한다.

MAP P.121 F-2 🏠 臨沂街55-3號 ☎ 0937-817-612 🕐 12:00~23:00 休 없음 🚇 MRT 동먼(東門) 역 1번 출구에서 도보로 약 5분

은신처 같은 카페에서 학생 기분으로 커피를

티 엔 자 오 더
天僥得

식물에 둘러싸인 입구가 알아보기 힘든 데다 익숙하지 않은 한자 간판이라 지나치기 쉽지만 사실은 밤낮을 가리지 않고 학생이 모이는 인기 찻집이다. 채소가 듬뿍 들어간 식사 메뉴는 가정적인 맛이라 학생들에게 호평이다. 가게 안에는 골동품이 진열되어 있다. 가게 이름 '티엔자오더'의 뜻은 '글쎄'라는 의미이다. 제멋대로인 분위기로 마음을 느긋하게 만들어 주는 가게이다.

MAP P.122 B-2 🏠 師大路105巷9號 ☎ 02-2362-6415 🕐 11:00~24:00 休 없음 🚇 MRT타이띠엔다로우(台電大樓) 역 3번 출구에서 도보로 약 5분

느긋하게 쉬면서 맛있는 요리를

에 콜 카 페 쉐 샤 오 카 페 이 관
'ECOLE Café 學校咖啡館

어른을 위한 아늑한 공간을 만들고 싶어 시작한 카페는 다양한 연령층에게 사랑받고 있다. 개점 당시에는 식사와 술을 즐길 수 있는 카페가 적어서 음식과 술에 힘을 쏟은 것도 많은 사람에게 사랑 받은 이유다. 가게 이름은 손님과 함께 배우며 성장하고 싶다는 생각으로 붙였다.

MAP P.121 F-4 🏠 青田街1巷6號 ☎ 02-2322-2725 🕐 월~목 9:00~22:00, 금·토 9:00~23:00, 일 11:00~22:00 休 없음 🚇 MRT 동먼(東門) 역 5번 출구에서 도보로 약 8분

중국의 전통 잡화

위 안 룽 팡
圓融坊

양복, 액세서리, 잡화, 다기 등 여러 가지 상품이 있는 가게. 중국 드레스와 시누아즈리 무늬 등 전통을 모티브로 한 모던한 디자인의 타이완다운 소품은 선물로 알맞다. 섬세한 자수가 수놓아진 가방과 쿠션 커버 등 오리지널 아이템도 많으며 어른스러운 분위기의 잡화를 찾고 있다면 이곳으로 가자.

MAP P.121 F-3 🏠 永康街2巷12-1號 ☎ 02-2322-2981 🕐 11:00~21:00 休 없음 🚇 MRT 동먼(東門) 역 5번 출구에서 도보로 약 1분

타이베이에서 맛보는 산동(山東) 지방의 가정요리

동 먼 자 오 쯔 관
東門餃子館

60년 전에 교자(餃子) 노점에서 출발해서 현재 주인은 3대째이다. 산동성(山東省) 출신의 선대의 맛을 이어온 교자는 속의 종류가 풍부해서 하루에 만 개가 팔리는 인기 요리이다. 그밖에도 면류, 볶음과 볶음밥 등 여러 가지를 먹을 수 있다. 크기는 대, 중, 소에서 고를 수 있기 때문에 사람이 적어도 다양한 요리를 맛볼 수 있어 좋다.

MAP P.121 F-3 🏠 金山南路二段31巷37號 ☎ 02-2341-1685 🕐 월~금 11:00~14:30, 17:00~21:00, 토·일 11:00~15:00, 17:00~21:30 休 없음 🚇 MRT 동먼(東門) 역 4번 출구에서 도보로 약 1분

대회에서 1위를 거머쥔 루로우판은 꼭 먹자

다 라 이 샤 오 관
大來小館

부부가 운영하는 내 집 같은 분위기의 레스토랑은 전통 타이완 요리를 기본으로 일식 요소를 더한 타이완 창작 요리를 내놓는다. 가장 인기인 것은 3일간 졸인 루로우판(魯肉飯). 제9회 타이베이 시 정부 루로우판 대회에서 1위를 차지한 보증된 맛이다. 단품은 물론 청경채 볶음, 샐러드, 국의 세트인 루로우판타오찬(魯肉飯套餐)도 추천한다.

MAP P.121 F-3 🏠 永康街7巷2號 1F ☎ 02-2357-9678 🕐 월~금 11:00~14:00, 16:30~21:00, 토·일 11:30~21:00 休 없음 🚇 MRT 동먼(東門) 역 5번 출구에서 도보로 약 2분

디화제
迪化街
적화가

원래는 '다다오청(大稻埕)'이라고 불리며, 청조 말기에 번영했던 디화제. 20세기 초에는 한방약, 마른 식품, 차, 천 등을 취급하는 도매상과 가게가 모여 있던 타이완 제일의 상업 지역이었다. 지금도 여전히 여러 가게가 줄지어 서 있으며 설날 전에는 식재료를 사기 위해 온 사람들로 붐빈다. 유복한 상인이 살았던 바로크식 건물이 늘어선 거리는 사진 찍기에 아주 좋다. 오래된 집을 개장해서 만든 멋진 건물도 늘고 있다.

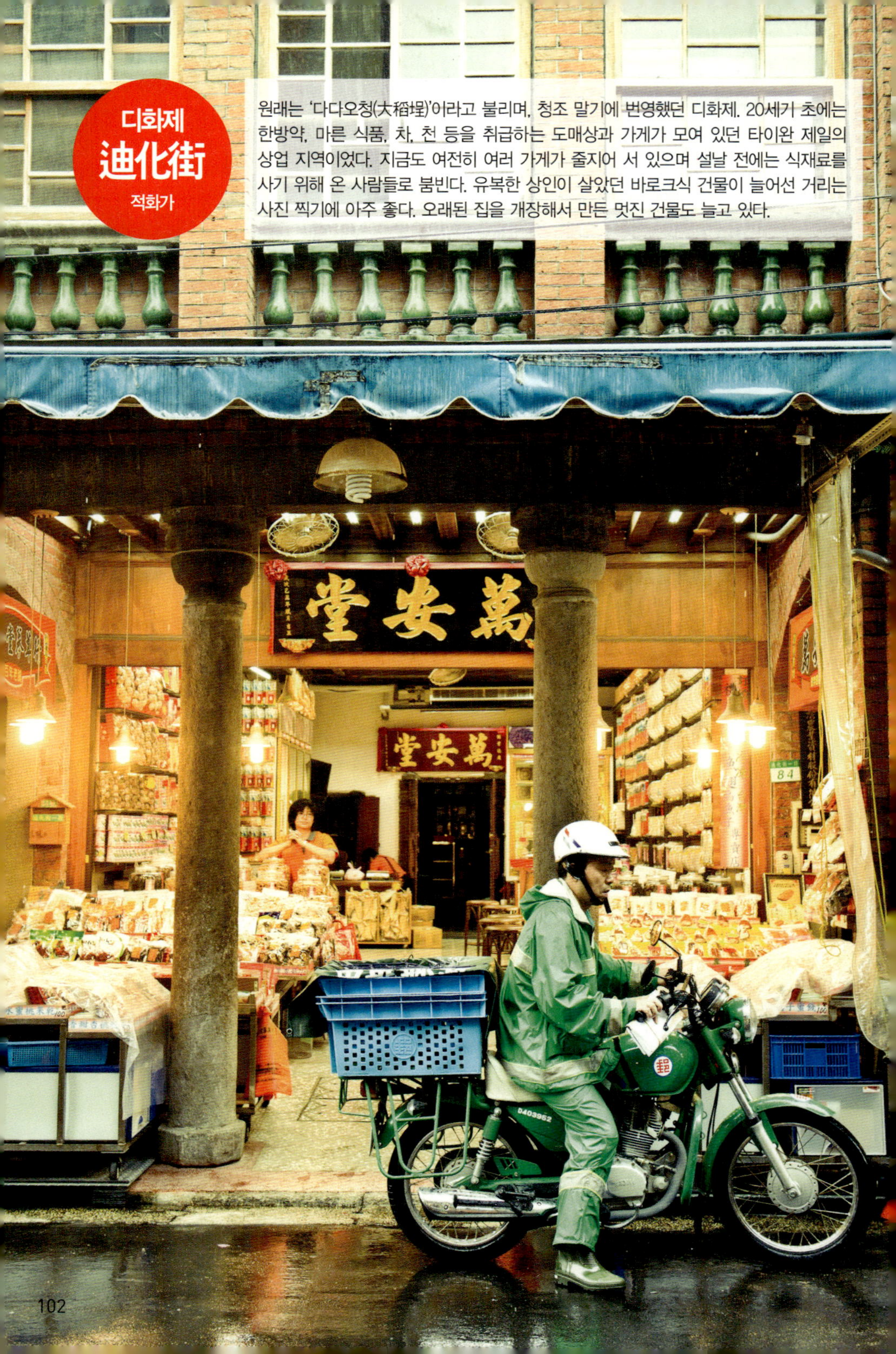

시크한 가게 안에 커피향이 감돈다

爐鍋咖啡 Luguo Café
루궈카페이 루궈 카페

일본 강점기 시절의 약 도매상 2층에 있는 이 카페에서는 중국차 작법으로 커피를 마실 수 있다. 주인이 직접 로스팅한 커피는 본래의 맛을 즐기기 위해서 설탕과 우유를 제공하지 않는다. 추천 메뉴는 중국차로 유명한 아리(阿裏) 산에서 재배한 '아리 산 커피'이다. 재배량이 적어 희소한 맛을 체험해 보자.

MAP P.116 B-3 🏠 迪化街一段32巷1號 2F ☎ 02-2552-1321 🕐 11:00~19:00 休 없음 🚍 MRT 중산(中山) 역 2번 출구에서 도보로 약 15분

여러 가지 용도로 사용할 수 있는 가방이 즐비

林豊盆商行
린펑이상항

그리운 옛 분위기가 흐르는 가게는 100년 이상의 역사를 지닌 대나무 세공품 가게이다. 가게 안팎으로 타이완과 동남아시아에서 만든 상품이 즐비하게 진열되어 있다. 가방과 나무 찜통, 보관함 등 디자인과 크기도 다양하다. 부피를 줄일 수 있는 접는 가방은 대량 구입해서 선물로.

MAP P.116 B-2 🏠 迪化街一段214號 ☎ 02-2557-8734 🕐 월~토 9:00~20:00, 일 9:00~17:00 休 없음 🚍 MRT 쌍리엔(雙連) 역 1번 출구에서 도보로 약 20분

차 만드는 모습을 볼 수 있는 공장 겸 차 가게

有記名茶
요지밍차

선조는 푸지엔성(福建省)에서 대대로 내려오는 차 농가로 주인의 아버지 대에서 타이완에 차 공장을 설립하여 100년 이상의 역사를 가진 가게이다. 찻잎과 다기를 취급하는 가게 안쪽에서 배전부터 마무리까지 다 하기 때문에 상쾌한 차의 좋은 향기가 가게 안까지 떠돈다. 찻잎은 시음하며 선택할 수 있으니 천천히 마음에 드는 맛을 찾아보자. 차의 마무리 작업 견학도 가능하다.

MAP P.116 C-3 🏠 重慶北路二段64巷26號 ☎ 02-2555-9164 🕐 9:00~20:30 休 일요일 🚍 MRT 쌍리엔(雙連) 역 1번 출구에서 도보로 약 10분

오랫동안 사랑 받고 있는 양식 레스토랑

波麗路西餐廳 Bolero
보리루시찬팅 볼레로

클래식한 외관이 인상적인 레스토랑으로 1934년에 오픈했다. 갑자기 상류층 사이에서 인기가 높아진 양식점이다. 소혀 스튜, 치킨 카레, 그라탱 등의 메뉴는 개점 당시부터 그대로 지켜 오고 있다. 당시 모습이 남아 있는 레트로 모던 스타일 가게에서 80년간 변하지 않은 맛을 즐겨 보자.

MAP P.116 C-3 🏠 民生西路314號 ☎ 02-2559-9903 🕐 10:00~21:30 休 일요일 🚍 MRT 쌍리엔(雙連) 역 1번 출구에서 도보로 약 12분

마른 식품부터 제비집, 한방까지 무엇이든 있다

信大參茸行
신다선룽항

건과일과 생선 말린 것을 취급하는 한방 약국이 연달아 늘어서 있는 지역에서도 쉽게 들어갈 수 있어 눈길을 끄는 가게. 많은 샘플과 소분 팩이 준비되어 있어 쇼핑하기 편하다. 고급 식재료인 제비집이나 수프를 만들 수 있는 한방 식재료도 가볍게 살 수 있는 가격이다. 우황 등 병에 좋다는 버섯 종류의 한방 재료도 풍부하다.

MAP P.116 C-3 🏠 民生西路352號 ☎ 02-2558-5978 🕐 9:00~21:00(일요일은 9:00~19:00) 休 없음 🚍 MRT 쌍리엔(雙連) 역 1번 출구에서 도보로 약 15분

1842년부터 계속된 오래된 차 도매상

林華泰茶行
린화타이차항

가게 안에 들어가면 거대한 차 캔이 즐비하다. 뚜껑에는 종류와 1근(600g)의 가격이 적혀 있어 원하는 차를 그램 단위로 살 수 있다. 도매상이라 소매점보다는 가격이 싸서 현지인 단골손님도 많다. 시음과 진공포장도 부탁할 수 있으므로 요청이 있다면 직원에게 부탁하자.

MAP P.116 C-2 🏠 重慶北路二段193號 ☎ 02-2557-3506, 02-2557-9604 🕐 7:30~21:00 休 없음 🚍 MRT 다차오터우(大橋頭) 역 2번 출구에서 도보로 약 5분

타이완 여성은 한방으로 몸 상태를 조절한다

乾元蔘藥行
치엔위안선야오항

1875년 창업한 오래된 한방 약국. 처방전이 필요 없는 환약과 정제 한방약을 살 수 있으며 한방의가 있다면 진단 및 처방도 받을 수 있다. 여성에게 인기가 많은 것은 생리불순과 생리통에 효과가 좋은 짜웨이쓰우탕(加味四物湯)과 다이어트에 효과적인 감비차(減肥茶) 등이다. 생선 말린 것과 구기자, 마라탕(麻辣湯) 재료도 팔고 있어 선물 사기도 좋다.

MAP P.116 B-3 🏠 迪化街一段71號 ☎ 02-2558-4291 🕐 월~금 9:00~20:00, 토 9:00~19:00 休 일요일 🚍 MRT 중산(中山) 역 2번 출구에서 도보로 약 15분

인기 가게에서 먹는 타이완 전통 스낵

大橋頭老牌筒仔米糕
다차오터우라오파이통짜이미가오

폭발적인 인기로 합석은 당연한 인기 가게. 간판 메뉴는 통에 찹쌀과 졸인 돼지고기를 찐 지에밥 '통짜이미가오(筒仔米糕)'이다. 고기는 기름진 '페이로우(肥肉)'나 비교적 담백한 '쇼우로우(瘦肉)' 중 선택하고, 당근을 넣은 단 된장 소스나 무와 고추를 넣은 매운 소스를 뿌려 먹는다.

MAP P.116 C-1 🏠 延平北路三段41號 ☎ 02-2594-4685 🕐 6:00~16:00 休 없음 🚍 MRT 다차오터우(大橋頭) 역 1번 출구에서 도보로 약 5분

고급 호텔부터 게스트하우스까지 종류도 여러 가지. 여행 스타일에 맞춰서 좋아하는 곳을 선택하자.

1 COZZI 룸(더블/트윈). 객실 요금은 조식을 포함한 숙박 요금 2 컴포트 스위트(더블)
3 욕조가 있는 방을 원하는 경우에는 예약할 때 미리 말하자

모던한 럭셔리 호텔
호 텔　　코 지　　중 샤 오 관
HOTEL COZZI 忠孝館

오피스였던 건물을 재건축해서 2013년 11월에 오픈했다. MRT 산다오쓰(善導寺) 역 6번 출구에서 바로라 위치가 좋고, 아침 식사는 인기 가게 푸항더우장(阜杭豆漿, P.18)이 맞은편에 있다. 아늑하다는 뜻의 'COZY'에서 유래된 호텔 이름처럼 세련된 공간에서 편안한 시간을 보낼 수 있다.

4 2층의 라운지. 투숙객은 무료로 이용할 수 있다. 신문, 차, 과자를 자유롭게 즐길 수 있다. 호텔 내는 모든 곳이 Wi-Fi 무료

MAP P.121 E-1　타이베이(台北) 역 주변

🏠 忠孝東路一段31號 ☎ 02-7725-3399 📠 02-7706-3601(예약 센터) 💲 컴포트 룸(트윈) 6300元~ 🔑 123 🕐 IN 15:00, OUT 12:00 💻 가능 🚇 MRT 산다오쓰(善導寺) 역 6번 출구에서 바로 URL hotelcozzi.com/zhongxiao ✉ reservations@cathayhotel.com.tw

---

공항에서 가까운 스타일리시한 호스텔
메 이　　스 테 이
Mei Stay

2013년에 오픈한 타이베이 아리나 바로 앞에 있는 멋진 호스텔. 쏭산(松山) 공항에서 차로 약 5분 걸리며 고급스러운 가게가 늘어서 있는 동취(東區) 지역에도 걸어서 갈 수 있다. 가격도 합리적이며 프론트는 24시간 대응한다. 로비도 넓어서 여행할 곳을 예습하면서 쉴 수 있다.

MAP P.114 C-4　난징동루(南京東路)

🏠 松山區八德路三段2號 14F ☎ 02-2577-5170 📠 02-2577-5171 💲 2인실(샤워 공용) 1700元~, 스탠더드 더블 2600元~ 🔑 36 🕐 IN 15:00, OUT 12:00 💻 가능 🚇 MRT 난징동루(南京東路) 역, 중샤오둔화(忠孝敦化) 역 8번 출구에서 도보로 약 10분 URL www.meistay.com.tw ✉ service@meistay.com.tw

---

추천하는 숙박 타입은?
고급 호텔은 무료 리무진 버스로 공항까지 데려다 주며 시대 이동에 편리한 서비스도 제공한다. 잠만 잘 거라면 가격대를 낮춘 호스텔과 프티호텔(※)도 편리하다.

※ 호텔 수준의 부대시설은 없지만 비교적 싸게 묵을 수 있는 곳

세련된 곳은 비쌀까?
최근에는 디자인이 좋은 고급 프티호텔과 비즈니스호텔, 센스가 넘치는 쾌적한 게스트하우스 등이 늘고 있다. 싼 가격으로도 스타일리시한 곳에 머물 수 있는 것이 좋다!

예약은 어떻게 하면 되나?
보통 각종 예약 사이트와 각 호텔의 웹사이트를 통해서 한다. 비성수기 등 시기에 따라서는 할인 가격으로 묵을 수 있는 곳도 많으니 잘 확인하자.

디럭스 호텔 중 가장 추천하는 곳

더 리비에라 호텔
The Riviera Hotel

프랑스인 건축가가 프랑스 남부를 이미지로 해서 디자인한 호텔은 내부 인테리어도 유럽풍이다. 이곳은 타이완에서 유일하게 LEED 그린 빌딩의 골드 인증을 취득한 친환경 호텔이기도 하다. 타이베이101(台北101), 구공보우위안(故宮博物院) 등의 주요 관광지까지 무료로 셔틀 버스가 다닌다.

MAP P.117 E-1 중산궈샤오(中山國小)

🏠 林森北路646號 ☎ 02-2585-3258 **FAX** 02-2596-5160 💲 디럭스 트윈(조식 포함) 9000元+서비스료 10%~ 🔑 112 🕐 IN 15:00, OUT 12:00 🛏 가능 🚍 MRT 중산궈샤오(中山國小) 역 1번 출구에서 도보로 약 10분 **URL** www.rivierataipei.com ✉ rivbook@ms36.hinet.net

1 테라스 라운지 2 싱글 베드 2개의 디럭스 트윈. Wi-Fi는 무료. 미네랄워터도 모든 방에 무료로 제공 3 디럭스 더블

1 모두 조식 포함이다. 체크인이 22:00가 넘을 때는 사전에 호텔에 연락하자 2 Wi-Fi 무료. 직원은 모두 영어 응대가 가능하다

북유럽의 아트가 넘치는 민박

솔로 싱어 비앤드비
Solo Singer B&B

여행을 좋아하는 아티스트 등이 모인 집단 'The Solo Singer team'이 50년이 넘은 여관을 새롭게 변신시킨 곳이다. 베이터우(北投) 온천 거리 뒤편에 조용히 위치한 민박에는 각각 다른 취향의 6가지 타입의 방이 있다. 머무는 동안 현지 주민의 기분을 만끽할 수 있다.

MAP P.113 D-1 베이터우(北投)

🏠 北投區溫泉路21巷7號 ☎ 02-2891-8312 💲 더블/트윈 5500元~, 트리플 6800元~ 🔑 12 🕐 IN 15:00, OUT 11:00 🛏 가능 🚍 MRT 베이터우(北投) 역에서 도보로 약 15분, 택시로 5분 **URL** thesolosinger.com ✉ nihao@thesolosinger.com

TRAVEL INFORMATION

타이완&타이베이 기본 정보

	타이완	타이베이
면적	약 36,000km²	약 272km²
인구	약 2,330만 명	약 268만 명
언어	공용어는 북경어(표준 중국어)지만, 타이완어와 하카어도 사용한다.	
시차	한국보다 1시간 느리다. 예를 들면 한국이 아침 7시라면 타이완은 아침 6시.	

달력과 휴일

중화 민국력이란?

양력, 음력, 중화민국력을 사용한다. 중화민국력은 중화민국이 성립된 1912년을 원년으로 하며 2015년은 중화민국 104년이 된다.

국경일(휴일)

1월 1일	중화민국 개국 기념일
2월 18일~23일	춘절(설날) ★
2월 28일	평화기념일
4월 4일	아동절
4월 5일	청명절
6월 20일	단오절
9월 27일	중추절(추석) ★
10월 10일	국경절

★은 음력을 기반으로 하며 해에 따라 조금씩 날이 변한다. 8~12월은 14년, 1~7월은 2015년을 기준으로 했으며 우리나라의 설날, 추석과 날짜가 같다. 대체 휴일 제외.

돈

통화	통화는 'NT$(뉴타이완 달러)'이며 '元'으로 표기한다(지폐에서는 圓). 지폐는 2,000元까지, 동전은 50元까지 각 5종류.
팁과 영업세	팁이 없는 나라이므로 필요 없다. 상품에는 영업세가 5% 포함되어 있고, 서비스 요금이 10% 더 계산될 때도 있다.
환전	공항 내의 환전소나 '타이완 은행' 등 시내 은행서도 가능하다. 호텔과 백화점에서도 가능하지만 환율이 좋지 않다.

매너와 법칙

화장실	수세식 화장실에서도 화장지는 변기에 넣지 않고 준비되어 있는 쓰레기통에 버린다. 변기에 넣으면 막히기도 한다. 또 휴지가 없는 곳도 있으므로 준비해 두면 좋다.
담배와 술	공공장소에서의 흡연은 금지하고 있으며 레스토랑과 호텔 등도 금연이다. 또한, 음주를 즐기는 사람이 비교적 적어서 길거리에서 술 취한 사람을 보기 어렵다.
MRT	MRT에서 음식을 먹거나 음료를 마실 수 없으며 흡연도 금지이다. 실수로 음식을 먹지 않도록 주의하자. 또한, 차 안에서는 '보아이쭤(博愛座)'라고 적혀 있는 노인석이 있으므로 앉을 때 확인하자.

전압과 Wi-Fi

전압과 플러그	전압은 110V, 60HZ, 플러그 형태가 다르므로 변환 플러그를 준비해서 가자.
Wi-Fi	무료 공중 무선 LAN 서비스 'Taipei Free'가 있어서 사이트(www.tpe-free.taipei.gov.tw/TPE/)나 관광 안내소에서 신청하면 MRT 역 등에서 이용 가능하다. 항상 Wi-Fi를 연결하고 싶다면 iVideo 등의 업체에서 루터를 빌리는 것을 추천.

치안

밤길	치안은 좋지만 심야에 돌아다니는 것은 삼가자. 또한, 야시장 등 혼잡한 곳에서는 날치기와 소매치기가 출몰한다. 짐에 충분한 주의를 기울이자.
택시	친절한 운전사도 있는 한편, 문제가 일어날 수도 있다. 미터가 움직이는지 꼭 확인하고 심야에는 혼자서 타는 것은 피하자.
마사지 가게	불필요한 부위를 만지는 등의 문제가 제기되고 있다. 특히 밤에는 혼자 가는 것을 피하고 몸 전체 마사지는 동성의 마사지사를 지명하자.

공항에서 시내로 가는 방법

타오위안(桃園) 국제공항에서

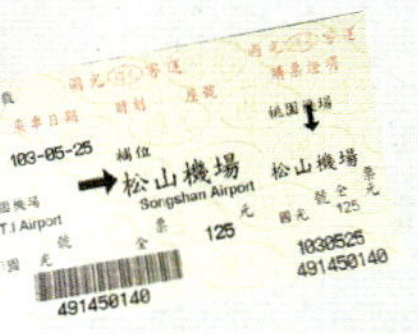

타오위안 국제공항에서는 공항버스로 시내로 가는 것이 편리하며 저렴하다. 요금은 노선에 따라 83元부터 150元까지 있으며, 약 50분에서 1시간 20분이면 타이베이 시내에 도착한다. 4개의 버스 회사가 노선을 운영하므로 버스 승강장의 전광판에서 노선을 확인하고 해당하는 버스 회사의 카운터에서 표를 구입한다.

카운터가 늘어선 버스 승강장. 버스 운행 간격은 10~30분

쏭샨(松山) 국제공항에서

타이베이 시내에 있는 쏭샨 국제공항은 MRT 쏭샨지창(松山機場) 역이 눈앞에 있으므로 편리하다. 타이베이츠어잔(台北車站)까지는 MRT로 약 20분 걸리며 택시와 비슷하다. 택시 요금은 150元 정도면 충분하다.

MRT(捷運)
지 에 윈

MRT라 불리는 전차로 이동하는 것이 보통이다. 타이베이의 주요 지역으로 이동할 수 있으며 모든 전차가 각 역마다 멈추므로 알기 쉽다. 운행 시간은 6~24시경까지며 2~6분 간격으로 운행한다. 기본요금은 20元으로 거리에 따라 더해진다. 타는 방법은 우리나라와 거의 같으며 역 안에서 토큰이라는 동전 모양의 표를 구입해서 자동개찰기에 터치하면 된다.

주의

역내와 차내에서는 흡연과 취식이 금지이다. 껌을 씹거나 물을 마시는 것도 안 되므로 주의하자. 위반하면 벌금을 내야 한다.

EASY CARD를 사용하자

체재 중 MRT를 여러 번 이용한다면 편리한 EASY CARD라는 충전 형식의 IC 카드를 구입하자. 금액은 200元과 500元의 2가지가 있으며 보증금 100元이 포함되어 있다. 구입과 충전은 역내 창구와 자동판매기, 카드 표시(悠遊)가 있는 편의점에서도 가능하다.

MRT의 승차 요금을 20% 할인해 주며 버스에서도 사용할 수 있다.

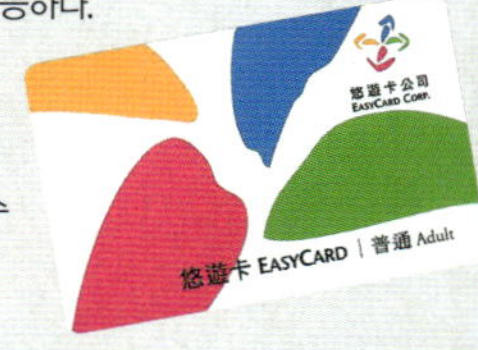

택시(計程車)
지 청 츠 어

기본요금 70元(~1.25km)의 저렴한 가격인 듯한 택시는 노란색이 눈에 띈다. 타는 방법은 우리나라와 같아서 손을 흔들어 세운다. 트렁크에 짐을 넣을 경우에는 10元, 23시~익일 6시까지는 심야요금으로 기본요금에 20元이 더해진다.

버스(公車)
공 츠 어

노선 수가 많아서 뒤얽혀 있는 버스는 상급자용이다. 스마트폰이 있으면 구글 맵으로 루트를 검색해서 승차장과 노선번호를 확인해도 좋다. 요금은 시내는 모두 15元으로 교외는 30元이다. 선불과 후불은 버스에 따라 각각 다르며 운전석 위쪽에 표시해 놓은 버스가 많다.

여행에서 사용하는 중국어 문구

기본

안녕하세요.
你好 니하오

안녕히 가세요.
再見/拜拜 짜이지엔/바이바이

감사합니다.
謝謝 씨에씨에

미안합니다.
對不起 뚜이부치

죄송합니다.
不好意思 부하오이쓰

화장실은 어디입니까?
洗手間在哪里 시쇼우지엔짜이나리

네/아니오
是/不是 스/부스

교통

택시를 타고 싶어요.
我要坐計程車 워야오쭈어지청츠어

(주소를 보여 주며) 이곳에 가고 싶어요.
我要去這裡 워야오취저리

여기에서 세워 주세요.
在這裡停 짜이저리팅

식도락

(사람을 부를 때) 여기요.
小姐/先生 샤오지에(여성)/시엔성(남성)

포장해 주세요.
請打包 칭다바오

메뉴를 보여 주세요.
請給我看一下菜單 칭게이워칸이샤차이단

가져가겠습니다.
外帶 와이다이

이것을 주세요.
請給我這個 칭게이워저거

계산해 주세요.
買單 마이단

맛있어!
好吃! 하오츠

쇼핑

얼마입니까?
多少錢? 뚜어샤오치엔

입어 봐도 되나요?
可以試穿嗎? 크어이스촨마

신용카드를 사용할 수 있나요?
可以刷卡嗎? 크어이쏴카마

108

여성 마사지사가 좋습니다.
我要女師傅接摩　워야오뉘스푸지에모

기분이 좋아요.
太舒服了　타이수푸러

너무 세지 않게 해 주세요.
請不要太用力　칭부야오타이용리

아파요!
痛!　통

도와주세요!
求命!　치유밍

한국어 할 수 있는 사람 없습니까?
有沒有會講韓文的人?　요메이요회이장한원더런

경찰을 불러 주세요.
請叫警察　칭자오징차

짐을 도둑맞았습니다.
行李被偷了　싱리베이터우러

몸이 안 좋습니다.
我不舒服　워부수푸

상처가 났습니다.
受傷了　서우상러

0	1	2	3	4	5	6
零 링	一 이	二 얼	三 싼	四 쓰	五 우	六 리우

7	8	9	10	20	30
七 치	八 빠	九 지우	十 스	二十 얼스	三十 싼스

40	50	60	70	80
四十 쓰스	五十 우스	六十 리우스	七十 치스	八十 빠스

90	100	200	300
九十 지우스	一百 이바이	二百/兩百 얼바이/량바이	三百 싼바이

400	500	600	700	800
四百 쓰바이	五百 우바이	六白 리우바이	七百 치바이	八百 빠바이

900	1,000	2,000	3,000
九百 지우바이	一千 이치엔	二千/兩千 얼치엔/량치엔	三千 싼치엔

4,000	5,000	6,000	7,000	8,000
四千 쓰치엔	五千 우치엔	六千 리우치엔	七千 치치엔	八千 빠치엔

9,000	10,000	20,000
九千 지우치엔	一萬 이완	二萬/兩萬 얼완/량완

Youbike 로 편하게 이동&사이클링

시민의 새로운 발로서 인기가 많은 Youbike. 관광객도 이용할 수 있으므로 머무르는 동안 이용해 보자!

Youbike 란?

타이베이 시와 자전거 브랜드 'GIANT'가 제휴해서 운영하는 공공자전거 렌털 시스템이다. 관광객도 IC 칩이 부착된 신용카드가 있으면 카드 정보를 등록하고 '싱글 렌털'로 이용할 수 있다. 요금은 4시간 이내라면 30분에 10元이라 합리적이다.

4~8시간은 30분에 20元, 8시간 이상은 30분에 40元이다. 회원은 처음 30분은 무료이다. EASY CARD와 타이완 현지 휴대폰 번호가 있으면 회원 등록을 할 수 있다.

어디서 타는가?

주요 MRT 역과 공공기관, 공원, 관광 장소의 주변 등, 타이베이 시내에 100여 개 이상의 장소가 설치되어 있어 역에서 떨어진 장소로 가기에 편리하다. 출근과 통학에 이용하는 시민도 많으며 이용자는 매년 늘고 있다.

예를 들면 이런 곳에 정거장이 있다!

MRT 역 주변
산다오쓰(善導寺), 동먼(東門), 다안(大安), 다안썬린공위안(大安森林公園), 시먼(西門), 룽샨쓰(龍山寺), 중산(中山), 솽리엔(雙連), 싱티엔궁(行天宮), 중샤오신성(忠孝新生), 중샤오푸싱(忠孝復興), 궈푸지니엔관(國父紀念館), 타이베이101/스마오(台北101/世貿), 공관(公館), 타이띠엔다라우(台電大樓) 등

관광 스폿 주변
궈지아투슈관(國家圖書館), 스리푸싱궈샤오(市立福星國小), 궈리타이완보위관(國立台灣博物館), 화산1914창위원위안취(華山1914創意文園區), 화산창위원화(華山創意文化), 타이베이스리타위창(台北市立體育場), 타이베이스리다둥가오중(台北市立大同高中) 등

실제로 사용해 보자!

1 자전거를 확인하고 카드 정보를 입력

자전거의 재고를 확인. 타이어와 라이트 등 상태를 확인(고장 난 곳이 있다면 안장이 내려가 있다)하고, Kiosk라는 기계(왼쪽 사진)에 신용카드 정보를 등록. 영어도 가능하다. 각 정류장 이용 상황을 실시간으로 확인할 수 있는 애플리케이션 '정샤오단츠어(微笑單車)'도 편리하다.

2 선택한 번호의 자전거를 빼내기

등록에 성공하면 이용 가능한 자전거 번호가 표시된다. 한 대를 선택한 후, 90초 이내에 선택한 자전거를 빼낸다.

3 사용한 후에는 정류장에 반납하기

이용 중 어딘가에 들를 경우에는 반드시 비상키를 꽂은 채로 주차해 놓자. 다 사용한 후에는 가까운 거점에 반납. 반납할 때는 비어 있는 곳에 되돌려 놓으면 된다.

주의하세요!

이용자가 급증하는 바람에 자전거에 관한 교통 법칙 정비가 뒤쳐진 상황이다. 현지인은 꽤 빠른 속도로 이용하지만 이용할 때는 안전에 유의하며 사고에 주의를 충분히 기울이자.

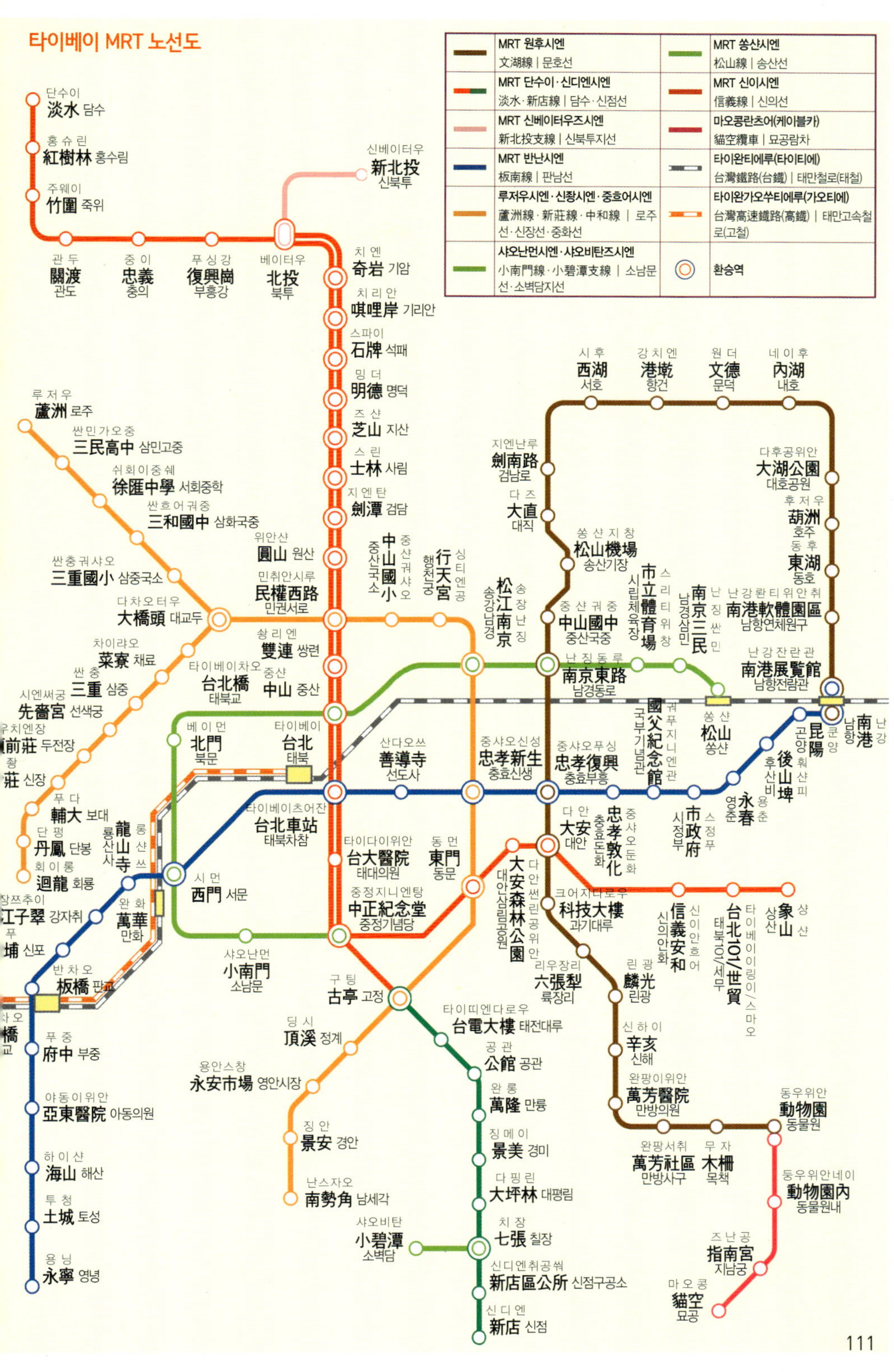
타이베이 MRT 노선도
MRT 원후시엔 文湖線 문호선
MRT 쏭산시엔 松山線 송산선
MRT 단수이·신디엔시엔 淡水·新店線 담수·신점선
MRT 신이시엔 信義線 신의선
MRT 신베이터우즈시엔 新北投支線 신북투지선
마오콩란처어(케이블카) 貓空纜車 묘공람차
MRT 반난시엔 板南線 판남선
타이완티에루(타이티에) 台灣鐵路(台鐵) 태만철로(태철)
루저우시엔·신쫭시엔·중흐어시엔 蘆洲線·新莊線·中和線 로주선·신장선·중화선
타이완가오쑤티에루(가오티에) 台灣高速鐵路(高鐵) 태만고속철로(고철)
샤오난먼시엔·샤오비탄즈시엔 小南門線·小碧潭支線 소남문선·소벽담지선
환승역
단수이 淡水 담수
훙 슈 린 紅樹林 홍수림
주웨이 竹圍 죽위
관 두 關渡 관도
중 이 忠義 충의
푸 싱 강 復興崗 부흥강
베이터우 北投 북투
신베이터우 新北投 신북투
치 엔 奇岩 기암
치 리 안 嘰哩岸 기리안
스파이 石牌 석패
밍 더 明德 명덕
즈 산 芝山 지산
스 린 士林 사림
지 엔 탄 劍潭 검담
루 저 우 蘆洲 로주
싼민 가오중 三民高中 삼민고중
쉬회이중쉐 徐匯中學 서회중학
싼흐어궈중 三和國中 삼화국중
싼충궈샤오 三重國小 삼중국소
다차오터우 大橋頭 대교두
차이랴오 菜寮 채료
싼 충 三重 삼중
시엔써궁 先嗇宮 선색궁
우치엔쫭 前莊 두전장 莊 신장
푸 다 輔大 보대
단 펑 丹鳳 단봉
회이룽 迴龍 회룡
장쯔추이 江子翠 강자취
푸 埔 신포
위안샨 圓山 원산
민취안시루 民權西路 민권서로
쐉 리 엔 雙連 쌍련
타이베이차오 台北橋 태북교
중 샨 中山 중산
중샨궈샤오 中山國小 중산국소
싱티엔궁 行天宮 행천궁
베이 먼 北門 북문
타이베이 台北 태북
完 龍山寺 룡산사
시 먼 西門 서문
완 화 萬華 만화
板橋 판교
橋 교
中山國中 중산국중
松江南京 송강남경
松山機場 송산기장
松山南京
시후 西湖 서호
강치엔 港墘 항건
원 더 文德 문덕
네이 후 內湖 내호
지엔난루 劍南路 검남로
다 즈 大直 대직
다후공위안 大湖公園 대호공원
후 저 우 葫洲 호주
동 후 東湖 동호
난 강 롼 티 위 안 취 南港軟體園區 남항연체원구
쏭 샨 지 창 松山機場 송산기장
시립체육장 市立體育場 스리티위창
南京三民 남경삼민
南港展覽館 남항전람관
난 징 동 루 南京東路 남경동로
쏭 샨 松山
쿤 양 昆陽 곤양
南港 남항
난 강 南港
善導寺 선도사
산다오쓰 善導寺 선도사
忠孝新生 충효신생
중샤오신성
忠孝復興 충효부흥
중샤오푸싱
國父紀念館 국부기념관
궈푸지니엔관
忠孝敦化 충효돈화
중샤오둔화
市政府 시정부
시 정 푸
後山埤 후산비
후 산 피
永春 영춘
용 춘
台北101/世貿 태북101/세무
타이베이이링이/스마오
象山 상산
샹 산
大安 대안
다 안
台北車站 태북차참
타이베이츠어잔
台大醫院 태대의원
타이다이위안
東門 동문
동 먼
中正紀念堂 중정기념당
중정지니엔탕
大安森林公園 대안삼림공원
다안썬린공위안
科技大樓 과기대루
크어지다로우
大安森林公園
六張犁 륙장리
리우장리
信義安和 신의안화
신이안흐어
麟光 린광
린 광
辛亥 신해
신 하 이
萬芳醫院 만방의원
완팡이위안
古亭 고정
구 팅
頂溪 정계
딩 시
台電大樓 태전대루
타이띠엔다로우
公館 공관
공 관
萬隆 만륭
완 룽
永安市場 영안시장
용안스창
景安 경안
징 안
南勢角 남세각
난스쟈오
小南門 소남문
샤오난먼
小碧潭 소벽담
샤오비탄
七張 칠장
치 장
新店區公所 신점구공소
신디엔취공쒀
新店 신점
신 디 엔
大坪林 대평림
다 핑 린
景美 경미
징 메 이
萬芳社區 만방사구
완팡서취
木柵 목책
무 자
動物園 동물원
둥우위안
動物園內 동물원내
둥우위안네이
指南宮 지남궁
즈 난 궁
貓空 묘공
마 오 콩
府中 부중
푸 중
亞東醫院 아동의원
야동이위안
海山 해산
하 이 샨
土城 토성
투 청
永寧 영녕
용 닝

타이베이 근교

1:350,000

0 ──── 5km

N

우라이(烏來) 1:75,000

0 ──── 500m N

烏來區公所
푸란둬우라이지유디엔 馥蘭朵烏來酒店 P.90
烏來觀光大橋
烏來三好米溫泉會館
우라이(烏來) 버스 정류장
南勢溪
環山路
우라이라오제 烏來老街 P.88
우라이타이츠어잔 烏來台車站
관광타이츠어 (觀光台車) 광차
성룽카페이관 昇瀧珈琲館 P.89
우라이푸부잔 烏來瀑布站
우라이푸부 烏來瀑布

富貴角
白沙灣
石門洞
十八王公廟
石門
老梅
下員坑
富基
富基
草里
三芝
九芎林
浅水湾
跳石
源興居
尖山湖
鄧麗君墓園
葵扇湖
金山温泉
1103▲崁(竹子)山
金山
加投温泉
野柳岬
野柳風景區
野柳
위런마터우 漁人碼頭 P.85
北新荘
林子
沙崙
칭런차오 情人橋
八里左岸
天籟温泉會館
八煙
七星山
大坪
萬里
淡水河
단수이 淡水
十三行博物館
陽明山温泉
陽明山
翠翠湾
하단 오른쪽 지도
八里
漢民祠
陽明山温泉
中國麗緻大飯店
北投温泉
小油坑
오른쪽 지도
大坪
内寮
渓底
仙洞巌
基隆港
和平島
観音山
観音
關渡宮
五股坑
五股
士林
基隆河
北港口
内湖
東湖
基隆
基金
基隆
三坑
暖暖
暖暖
四脚亭
黄金博物館
瑞芳
瑞芳
지우펀 九份
요니전하오 有你真好 P.83
타이베이(台北) 시
八堵
八堵
七堵
七堵
五堵
新台五
汐止
汐止
台湾煤礦博物館
十分大瀑布
猴硐
金瓜
하단 왼쪽 지도
中山高速公路
台北
三重
台北
新荘
泰山
五股
三重
타이베이 台北
쏭산 국제공항 松山國際機場
内湖
汐科
五堵
五堵
百福
十分
三貂嶺
三貂嶺
타이베이 台北
완화 萬華
용호어 르어화관광예스 永和樂華觀光夜市 P.69
쏭산 松山
南港
南港子
石門
双渓
平溪
十分寮
大華
望古
菁桐車
横脚
平溪
板橋
板橋
中和
永和
台北市立動物園
石碇
木柵
柑脚
台湾高速鉄路
樹林
山佳
樹林
土城
中和観光興南夜市
景美夜市
木柵
마오콩란츠어 (貓空纜車) 케이블카
木柵指南宮
烏塗窟
中坑
大舌湖
신베이(新北) 시
土城
中和
安坑
新店
碧潭
新店
十股寮
猫空
坪林
坪林
↓烏來
新店渓

지우펀(九份)

1:7,500

0 ──── 100m N

坑尾巷
馬克村荘
陽光味宿
雲在山房民宿
汽車路
지우펀라오제 (九份老街) 버스 정류장
지우펀찬퉁위완 九份傳統魚丸 P.77
세븐일레븐
지우펀 파출소 (九份派出所) 버스 정류장
観光案内所
阿婆魚羹
지우펀무지쇼우창관 九份木展手創館 P.76
記憶九份民宿
이샹타오팡 意象陶坊 P.77
九重町客棧
九份老麺店
緣憶茶棧民宿
汽車路
九戸茶語
昇平戲院
悲情城市
阿蘭草仔粿
九份老舎
루위안 茹緣 P.78
海悅樓茶坊
阿妹茶酒館
우구차랑 시드 차 吾穀茶糧 SIID CHA P.79
九份茶坊
賴阿婆芋圓
루이 如意 P.78
賢崎路
聖明宮
아간이위위안디엔 阿柑姨芋圓店 P.78
九份惠風民宿
基山街
九份國小
九份小町民宿

타이베이 주변
1:80,000
0 1km
N
타이베이(台北) 시

D
E
F

紗帽山
陽明春天
陽明公路
陽投公路
靑山路
幼德大道二段
小草山▲
大崙尾山▲
稻香路
泉源路
馬槽路
신베이터우 新北投
MRT 신베이터우즈시엔
H 솔로 싱어 비 앤드 비 Solo Singer B&B P.105
B 베이터우칭황밍탕 北投青礦名湯 P.46
푸싱강 復興崗
베이터우 北投
쑨양정디엔 孫羊正店 P.46 G
치엔 奇岩
치리안 嘰哩岸
行義路
至善路
順益台灣原住民博物館
忠勇山▲
大度路二段
基隆河
스파이 石牌
天母三玉宮
밍더 明德
貓 花園 JAMEI CHEN
즈샨 芝山
洲美快速公路
淡水河
G 펑성하오 豐盛號 P.57
스린 士林
단단즈이 丹丹指藝 P.41 B
스린예스 士林夜市 P.16 M
지엔탄 劍潭
지엔난루 劍南路
강치엔 港墘
內湖路一段
中山北路
MRT 원후시엔
원더 文德
후이중쉐 滙中學
三和國中
MRT 윈징우즈시엔
다즈 大直
基隆河
中山高速公路
쑨충귀샤오 三重國小
中正北路
차이랴오 菜寮
쑨충 三重
MRT 신좡시엔
新北環河快速公路
淡水河
위안샨 圓山
마지 마자 지스싱로어 S Maji Maji 集食行樂 P.57

P.116 디화제(迪化街)~싱티엔공(行天宮)
民權西路
민취안시루 民權西路
중산궈샤오 中山國小
타이베이차오 台北橋
다챠오터우 大橋頭
쑹리엔 雙連
싱티엔공 行天宮
중샨 中山
타이베이 台北
시먼 西門
산다오쓰 善導寺
타이다이위안 台大醫院
샤오난먼 小南門
MRT 샤오난먼시엔
중정지니엔탕 中正紀念堂
롱샨쓰 龍山寺
완화 萬華
타이완기오쑨타이예루 台灣鐵路線路
난지창예스 南機場夜市
環河快速公路
東西向快速公路

P.114 중샨궈중(中山國中)~쏭샨지창(松山機場)
쏭샨 국제공항 松山國際機場
중샨궈중 中山國中
쏭샨지창 松山機場
民生東路五段
난징동루 南京東路
송장난징 松江南京
南京東路五段
MRT 쭝허어·신루시엔
타이완티에루 台灣鐵路
MRT 반난시엔
라오흐어제예스 饒河街夜市 M P.69
쏭샨 松山
훠산피 後山埤
중샤오신성 忠孝新生
중샤오푸싱 忠孝復興
중샤오둔화 忠孝敦化
敦化南路二段
귀푸지니엔관 國父紀念館
스정푸 市政府
용춘 永春
샹샨 象山
仁愛路
仁愛路
MRT 신이시엔
信義路五段
동먼 東門
다안썬린공위안 大安森林公園
다안 大安
신이안흐어 信義安和
타이베이이링이/스마오 台北101/世貿
크어지다로우 科技大樓
구팅 古亭

P.120 롱샨쓰(龍山寺)~중샤오신성(忠孝新生)
P.118 중샤오푸싱(忠孝復興)~스정푸(市政府)

타이띠엔다로우 台電大樓
공관 公館
딩시 頂溪
MRT 쭝허어시엔
中山路一段

P.122 스다루(師大路)·공관(公館)

리우장리 六張犁
德街
린광 麟光
신하이 辛亥
▲象山

113

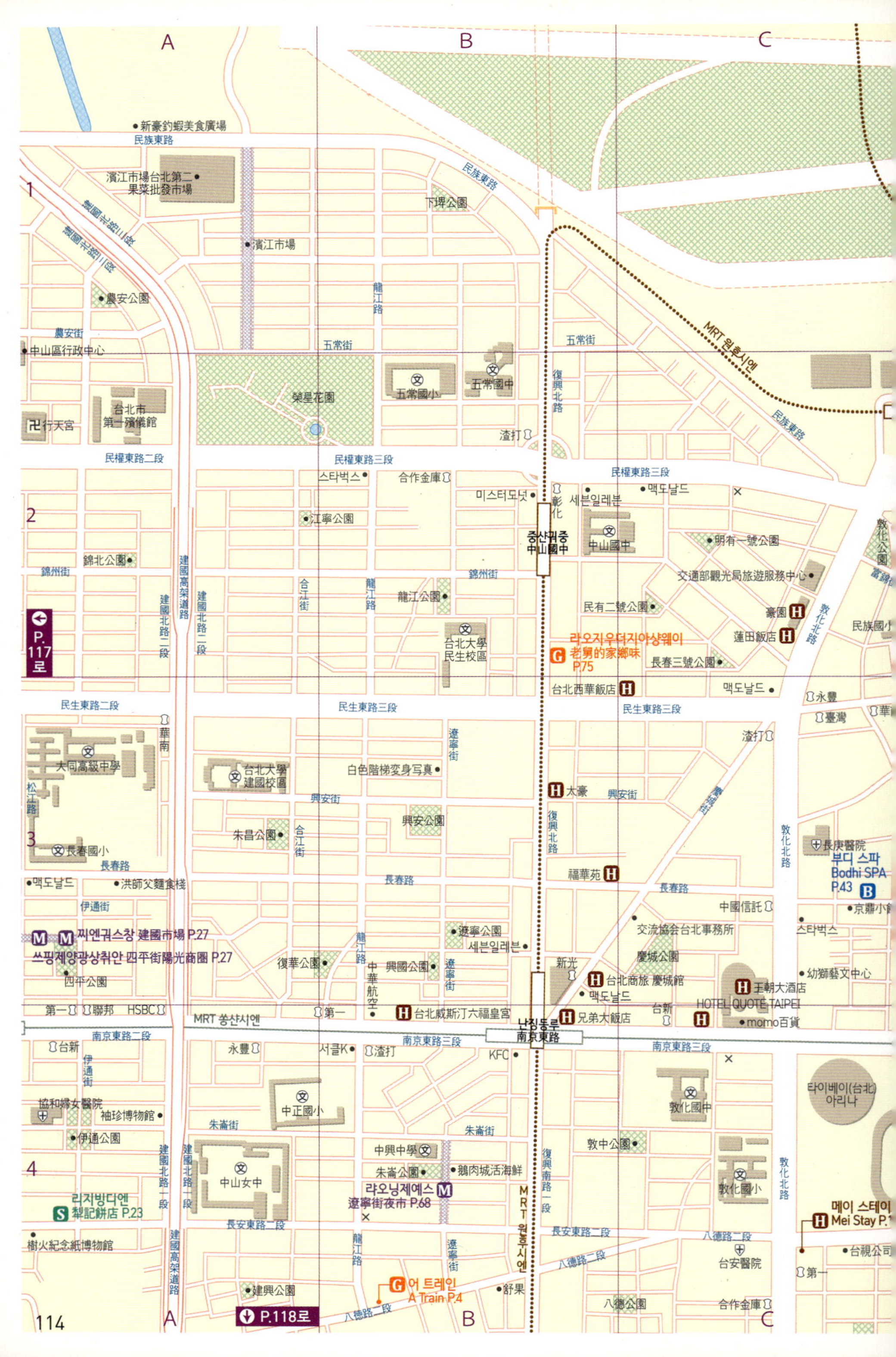
A
B
C
1
2
3
4
新豪釣蝦美食廣場
民族東路
濱江市場台北第二果菜批發市場
濱江市場
下埤公園
民族東路
農安公園
農安街
五常街
龍江路
復興北路
五常街
MRT 원후시엔
民族東路
中山區行政中心
行天宮
台北市第一殯儀館
榮星花園
五常國小
五常國中
渣打
民權東路二段
民權東路三段
民權東路三段
스타벅스
合作金庫
彰化
미스터도넛
세븐일레븐
맥도날드
敦化公園
江寧公園
中山國中
中山國中
中山國中
明有一號公園
錦北公園
錦州街
錦州街
交通部觀光局旅遊服務中心
民有二號公園
豪園
民族國小
龍江公園
台北大學民生校區
라오지우더지아샹웨이
老男的家鄉味 P.75
蓮田飯店
長春三號公園
맥도날드
P.117로
建國高架道路
建國北路二段
建國北路二段
台北西華飯店
永豐
民生東路二段
民生東路三段
民生東路三段
臺灣
華南
大同高級中學
台北大學建國校區
遼寧街
白色階梯變身寫真
渣打
松江路
興安街
太豪
興安街
朱昌公園
合江街
興安公園
長春國小
長春路
復興北路
敦化北路
朱昌公園
合江街
長春路
福華苑
福華苑
長春路
中國信託
京鼎小
맥도날드
洪師父麵食棧
伊通街
부디 스파
Bodhi SPA P.43
찌엔궈스창 建國市場 P.27
쓰핑제양광상취안 四平街陽光商圈 P.27
遼寧公園
세븐일레븐
交流協会台北事務所
스타벅스
四平公園
復華公園
中華航空
興國公園
遼寧街
慶城公園
新光
台北商旅 慶城館
王朝大酒店
幼獅藝文中心
第一
聯邦
HSBC
MRT 쏭샨시엔
第一
台北威斯汀六福皇宮
맥도날드
난징동루
南京東路
兄弟大飯店
台新
HOTEL QUOTE TAIPEI
台新
momo百貨
南京東路二段
台新
伊通街
永豐
서클K
渣打
南京東路三段
KFC
南京東路三段
協和婦女醫院
袖珍博物館
中正國小
敦化國中
타이베이(台北) 아리나
伊通公園
朱崙街
朱崙街
中興中學
敦中公園
中山女中
朱崙公園
鵝肉城活海鮮
敦化國小
리지방다엔
犂記餅店 P.23
라오닝제예스
遼寧街夜市 P.68
메이 스테이
Mei Stay P.
樹火紀念紙博物館
建國北路一段
建國北路一段
長安東路二段
長安東路二段
八德路二段
台安醫院
建國高架道路
建興公園
建興公園
P.118로
龍江路
遼寧街
어 트레인
A Train P.4
八德路一段
舒果
八德路二段
八德公園
台視公司
合作庫
第一
114

타이베이 북동부
중샨궈중(中山國中)~쏭샨지창(松山機場)
1:13,000
0   200m
N
D
E
F
쏭샨 국제공항
松山國際機場
미널 빌딩
交通局觀光局旅遊服務中心
撫遠公園
基隆河
民權大橋
쏭샨지창
山機場
三民國小
民航局
民權東路五段
民權東路四段
民權公園
運動場
民權國小
三民公園
팡팡탕 펀펀타운
放放堂 funfuntown P.99
푸진 트리 355
Fujin Tree 355 P.99
民權公園
新中街
핑동런자량미엔
屏東任家涼麵 P.99
G
三民公園
울루물루 푸진제
woolloomooloo 富錦街 P.99
富錦街
新中公園
자이지푸자엔량미엔
載記福建涼麵 P.99
G
三民公園
精忠公園
G
지샹차오
吉祥草 P.40
Beher 生活廚房
富錦三號公園
뮈얼카페이관 도터즈 카페
染兒咖啡館 Daughter's Cafe P.99
G
民生國中
푸진제 No.108
富錦街 No.108 P.99
G
富錦二號公園
台北富邦
中國信託
民生東路五段
맥도날드
新東公園
富錦五號公園
富錦一號公園
모스버거
세븐일레븐
民生東路五段
스타벅스
光復北路
民生東路四段
웨이러산치유 서니힐즈
微熱山丘 SunnyHills P.99
S
新東街
小上海 民生店
民生公園
新中街
延壽街
延壽街
介壽國中
延壽街
健康國小
三民路
新東街
延壽街
民生小
光復北路
西松高中
鵬程公園
3
婦聯公園
國軍松山醫院
健康路
健康公園
北寧公園
健康路
西松公園
安平公園
寶清街
長壽公園
元
翻弄家蒸餃專賣店
西松國小
샤오홍메이스터우훠궈
小紅莓石頭火鍋 P.60
G
健康路
北寧公園
台北皇都唯客樂飯店
H
冠京華
citi
패밀리마트
國泰世華
彰化
華南
寶清公園
스리티위창
市立體育場
南京東路四段
MRT 쏭샨시엔
난징싼민
南京三民
南京東路五段
合作金庫
스타벅스
華南
彰化
HSBC
H
萬泰
H
台北東華唯客樂飯店
台北馥敦飯店
臺灣
맥도날드
第一
吉祥公園
東興公園
寶清街
北寧路
美仁二號公園
寧安街
寧安公園
育達高職
博仁綜合醫院
6星集足體養身會館
吉祥路
東興街
培靈醫院
八德路四段
臺北市立社會教育館
台北市區監理所
中國信託
八德路四段
土地
市民大道五段
八德路三段
吉仁公園
맥도날드
華泰
喬美
萬泰
京華城
東軍路
台灣鐵路
台北偶戲館
興雅國小
延吉街
復源公園
市民大道五段
鐵路局台北機場
P.119로
D
E
F
115

A B C
宏仁醫院
龍濱路
福濱路
新北環河快速道路
長榮路
長喬街
開元路
長元街
環河北路二段
環河北路二段
重慶北路三段
大龍峒
延平北路四段
民族西路
大同公園
大同區公所
延平國小
重慶北路三段
昌吉街
長元街
中央北路
福德北路
다차오터우라오파이퉁짜이미가오
大橋頭老牌筒仔米糕 P.103
景化公園
蘭州街
大龍峒
信義街
伊寧街
大橋國小
蘭州公園
文化北路
台北大橋
民權西路
延三夜市
大橋國小
民權國中
다차오터우 大橋頭
MRT 신창시엔
타이베이차오 台北橋
MRT 신창시엔
重新一段
三重祐民醫院
和平街
中央南路
醒心宮
민權西路
패밀리마트
德鄰公園
重新路二段
環河南路
福德南路
福和街
永樂國小
太平國小
重慶北路二段
涼州街
淡水河
涼州街
延平北路一段
安西街
妙口四神湯
慈聖宮
甘州街
臺北市政府警察局 大同分局
린화타이차항 林華泰茶行 P.103
光興街
文化南路
린펑이상항 林豐益商行 P.103
迪化街一段
台灣女子神學院
保安街
까르푸 지아러푸 충친디엔 Carrefour 家樂福 重慶店 P.S
正義南路
光興國小
大稻埕公園
세븐일레븐
靜修女中
同安東路
忠和公園
鬟綏街
鬟綏公園
環河南路
신다선룽항 信大參茸行 P.103
大台北
延平北路二段
民生西路
聖母無原罪主教座堂
百安堂蔘藥行
六安堂蔘藥行
보라루시찬팅 볼레로 波麗路西餐廳 Bolero P.103
古早味豆
챈위안셴야오항 乾元蔘藥行 P.103
민이청 民藝埕 P.35
간지샤오샨차오·바오빙 甘氏嬤仙草·刨冰 P.4
蓬萊國
林柳新紀念偶戲博物館
타이베이샤하이청황먀오 台北霞海城隍廟 P.22
요지밍차 有記名茶 P.103
닝샤예 寧夏夜 P.61
朝陽公園
貴德街
永樂市場
民樂街
린허파요쫜궈디엔 林合發油飯店 P.35
루궈카페이 루궈 카페 壚鍋咖啡 Luguo Café P.103
印花樂
永久號
綠憶茶棧民宿
만위예치위마판탕 民樂旗魚米粉湯 P.35
意思意思
生元藥行
南京西路
메루 청이화공위안랴오 MERU 城乙化工原料 P.44
圓環
環河北路一段
天水路
南京西路
西寧北路
塔城街
新光
忠孝大橋
延平河濱公園
長安西路
세븐일레븐
MRT 숭산시엔
長安西路
福君海悅大飯店
苦茶之家
忠孝國中
北市聯合醫院 中興院區
海關博物館
塔城公園
大稻埕
重慶北路一段
鄭州路
川堂養生館
華陰街
鄭州路
台北醫院 城區分院
市民大道
타이베이 북서부
디화제(迪化街) ~ 싱티엔공(行天宮)
1:13,000
0 200m
N
淡水河
玉泉公園
鐵路警察局
베이먼 北門
市民大道
市民大道一段
昆明街
西寧南路
타이완 가오쑤티에루 台灣高速鐵路
交通局觀光旅遊 服務中心
洛陽綜合立體 停車場
國稅極總局
北平西路
北門
MRT 반난시엔
臺北西站B棟
忠孝西路二段
忠孝西路一段
臺北西站A棟
開封街二段
福星國小
台北北門郵局
P.120로
撫臺街洋樓
交通大學
淡水河
116

D
E
F
1
2
3
4
117
蘭州國中
中山足球場
MRT 단조이시엔
花博公園
花博公園
火園山分隊
建國高架道路
민족서로
民族西路
民族東路
民族東路
더 리비에라 호텔 The Riviera Hotel P.105
丸林魯肉飯
雙城公園
德惠公園
新禄公園
吉林路
德惠街
松江路
新生北路三段
稻江高級護理家事職業學校
MATSUSEI 松青超市
承德路三段
昌吉街
大同高中
신예 欣葉 P.5
雙城街
德惠街
上園茶莊
新喜公園
豪爵 H
民族西路
세븐일레븐
성리성훠바이훠 솽청치젠디엔 勝立生活百貨 雙城旗艦店 P.51
農安街
農安街
中山區行政中心
同國小
承德宮 H
三德大飯店
撫順公園
솽청제예스 雙城街夜市 P.51 M
당샹더우화 丁香豆花 P.64 G
中原街
輝雄診所
行天宮
合作金庫
晴光市場
晴光公園
ansleep
추이피시엔나이티엔취안 脆皮鮮奶甜甜圈 P.63
신티엔공(行天宮) 지하 점(占) 골목
Audi
솽메이마 双妹嘜 P.64 G
常青餃子館 Sophia
中山國小
燦路都飯店 H
新壽公園
亞都麗緻大飯店 H
맥도날드
紫の園命理
撫順街
민취안시루 民權西路
民權西路
중산궈샤오 中山國小
맥도날드
柯達大飯店台北 II H
新興國中
福全醫院
卜藝精進開運館 東松命理
第一
민취안시루 民權西路
土地
天祥路
永靜公園
휘취안쭈타양선스제 活泉足體養身世界 P.20 B
松江路
錦州街
雙連國小
成淵高中
TaipeiEYE
薇閣精品旅館 H
錦州公園
勝立生活百貨
康華大飯店 H
彰化
合作金庫
솽리엔스창 雙連市場 P.39 M
錦西街
취안자러스네이야오샤 全佳樂室內釣蝦 P.66 G
HSBC
신티엔공 行天宮
民亨公園
中山北路二段
林森北路
新生北路二段
勝立生活百貨
丹堤咖啡
興城街
萬全街
聯邦
馬偕紀念醫院
民生東路一段
民生東路二段
빙산 冰讚 P.64 G
맥도날드
솽리엔 雙連 H
취안파펑미 泉發蜂蜜 P.43 B
華泰王子大飯店 H
다모동관 達摩動館 P.23 B
스타벅스
民生西路
Sole 雙連 H
宗北內兒科診所
兄弟冶印
中原街
慶泰大飯店 H
五原路
國賓 H
中安公園
中吉公園
松江路
赤峰街
第一
高雄
承德路二段
土地
好小子海鮮店
中原公園
화베이자오쯔관 華北餃子館 P.50 G
勝立生活百貨
江街
平陽街
彰化
林森北路 長春路
新生北路二段
맥도날드
合作金庫
日新國小
타이완하오 디엔 台灣好 店 P.54 S
建成公園
밍공 明宮 P.19 G
吉林國小
쓰핑제양광상취안 四平街陽光商圈 P.27 M
광디엔타이베이 스폿 타이베이 光點台北 Spot Taipei P.55 G
台北晶華酒店 H
欣欣百貨
四平街
핑방왕주차오지핀찬팅 富霸王豬腳極品餐廳 P.26 G
台北老爺 H
康樂公園
林森公園
南京西路
엘로 테드 Yellow Ted P.18 B
新光三越
양신차러우수신차 養心茶樓蔬食飲茶 P.44 G
聯邦
중산 中山 M
新光三越南西店
원차이쉬안 雲采軒 P.54 S
大倉久和大飯店
第一大飯店
南京東路二段 H
citi
日盛
타이베이뉴루다왕 台北牛乳大王 P.47 G
춘수이탕 春水堂 P.23 G
南京東路一段
國王大飯店 H
MRT 쏭샨시엔
송장난징 松江南京
화윈탕 華雲堂 P.47 B
承德路一段
台北國際飯店
자샹강스인차 吉星港式飲茶 P.42 G
彰化
第一
台北當代藝術館
天津大飯店 H
매직에스 Magic.S P.19 E
一江街
KFC
티엔진제마타이무 天津街米苔目 P.42 G
吉林公園
세븐일레븐
日盛
長安西路
華陰街
梅子台灣料理
세븐일레븐
松江公園
協和婦女醫院
林森街
康是美
梁記嘉義雞肉飯
長安國小
長安國小
松江路
큐 스퀘어 징잔스상광창 Q square 京站時尚廣場 P.79 S
中山基督長老教會
鮮定味
쯔허탕지엔캉양성중신 滋和堂健康養生中心 P.4 B
長榮桂冠酒店 H
君悦大飯店 H
臺北轉運站
台北富邦
長安東路二段
頂好超市
타이베이어잔 台北車站 S
逸仙公園
國父史蹟紀念館
市民大道二段
市民大道
臨洋港生猛活海鮮
喜瑞 H
Hi-Life
博物館
타이완티에루 台灣鐵路
타이베이띠샤제 台北地下街 P.65
台北國際藝術村
P.121로
中央藝文公園
博樹火紀念紙
타이베이츠어잔 台北車站
北平東路
行政院
紹興
MRT 단조이시엔
承德路二段
中山北路二段
中山北路一段
新生北路一段
新生高架道路
P.114로
P.121로

118
P.114로
MOT/KITCHEN
八德公園
敦化公園
微風廣場
르광카페이 日光咖啡 P.75
陳記百果園
台啤346倉庫餐廳
渭水路
進安公園
懷生國民小學
蜀辣川菜烤魚麻辣鍋
美麗信花園酒店
台灣鐵路
市民大道三段
市民大道四段
市民大道
하오양밴쓰 베리베리굿 섬딩
好樣本事 VVG Something P.5
A House
탕춘 슈거 앤드 스파이스 糖村 Sugar&Spice P.97
台北科技大學
安東公園
하오양찬팅 베리베리굿 비스트로
好樣餐廳 VVG BISTRO P.97
중샤오신성
忠孝新生
MRT 반난시엔
마라딩지 마라위엔양훠궈
馬辣頂級 麻辣鴛鴦火鍋 P.29
堆公圳公園
和昌茶莊
國泰世華
카페이농 커피 앨리
咖啡弄 Coffee Alley P.97
미니 빈
Mini Bean P.21
지우펀(九份) 방면 버스 정류장
SOGO忠孝館
망고 차 차 Mango cha cha P.15
聯邦
忠孝東路三段
중샤오푸싱
忠孝復興
忠孝東路四段
중샤오둔화
忠孝敦化
彰化
台北神旺大飯店
肯園
취안파펑미
泉發蜂蜜
台北豪麗飯店
스타벅스
지난샹탕바오
濟南鮮湯包 P.4
소고 푸싱관
SOGO 復興館 P.75
老友記粥麵館
濟南路三段
懷生國民中學
장타이타이바오쯔디엔
姜太太包子店 P.76
高雄五福鮮蝦扁食
SOGO
HSBC
民輝公園
溫慶珠流行実験室
復興高中
寬心園精緻蔬食料理
土地
建國假日玉市
티엔시아싼제
天下三絕 P.97
中國信託
仁愛路三段
宏恩綜合醫院
仁愛路四段
建國假日花市
朱記餡餅粥店
福華大飯店
大圓環旁
幸安國小
臺北市立聯合醫院
仁愛院區
仁愛公園
仁愛國
福容大飯店台北
師大附中
附中公園
櫻庭結飾藝品
中山醫院
P.121로
東豐公園
東豐街
豪城大飯店
PEKOE
民榮公園
安祥公園
和安公園
德安公園
意翔村茶業
師大附中
仁慈公園
合作金庫
信義路三段
合作金庫
信義路三段
MRT 신이시엔
스타벅스
信義路四段
怡亨
玉山
彰化
信義路四
다안썬린공위안
다안
大安森林公園
臺灣
大安
健保局聯合門診
兒時窩
平安公園
音樂露台
大安高工
龍圖公園
大安國中
지워
鷄窩 P.41
大安森林公園
四維公園
居安公園
渣打
龍陣二號公園
建安國小
安東公園
新龍公園
龍陣一號公園
샤오리쯔
小李子 P.91
맥도날드
패밀리마트
華南
遊茶
P.122 스다루(師大路)·공관(公館)
크어지다로우
科技大樓
鳳離公園
大安區行政中心
瑞安公園
香格里拉台北遠東
國際大飯店
和平東路二段
龍生公園
群賢公園
세븐일레븐
스타벅스
패밀리마트
스타벅스
第一
華南
和平東路二段
맥도날드
스타벅스
台北富邦
MRT 원후시엔
中華電信
第一
和平東路三段
新生南路三段
龍門公園
龍門國中
國立台北教育大學附設
實驗國民小學
國立台北教育大學
臥龍街
龍安國小

D
E
P.115로
F
延吉街
復源公園
漢聲巷門市
松山禮拜堂
東興街
段 一 路鐵路
松山文創園區
中國信託
永吉路
市民大道四段
台灣鐵路
市民大道
鐵路局台北機場
市民大道四段
쏭샨원창위안취(松山文創園區)
松山高中
革新公園
松隆路
1
延吉街
中華電視公司
清핀성훠송옌디엔 誠品生活松菸店 P.5
台中
즐링 카페 민트
合作金庫
싸오더우화
騷豆花 P.97
카페 솔 CAFÉ SOLE P.81
延吉公園
시후런지엔차관
刑事警察局
zzling Café Mint P.97
屈臣氏
아이스 몬스터
國聯大飯店
臺北大巨蛋予定地
송주차이관
宋廚菜館 P.81
ICE MONSTER P.97
忠孝東路四段
MRT 반난시엔
聯合報
忠孝東路五段
華南
맥도날드
忠孝東路四段
귀푸지니엔관
國父紀念館
스정푸
市政府
信義分隊
맥도날드
長白小館
光復南路
W台北
동취펀위안
차탕회이
統一阪急百貨
東區粉圓 P.40
茶湯會 P.72
光復國小
귀푸지니엔관
國父紀念館 P.14
청핀슈디엔 신이치젠디엔
新光三越
BELLA VITA
베이먼펑리빙
岡山媽媽雜貨舖
誠品書店 信義旗艦店 P.15
北門鳳梨冰 P.71
미스터 헤어
中山公園
석유 展示館
延吉街
mr.hair P.40
逸仙路
松高路
2
仁愛路四段
翠湖
仁愛路四段
台北市議會
台北寒舍艾美酒店
KFC
國泰醫院
三六九素食麭子
台北市政府
新光三越
仁愛國小
光信公園
信義堂
台北探索館
마산탕
威秀影城
松壽路
麻膳堂 P.21
NEO19
華南
世貿中心
展覽三館
ATT4FUN
敦安公園
中興公園
台北君悅大飯店
市府路
HOME HOTEL
世貿中心展覽二館
台北香城大飯店
Woolloomooloo
松廉路
맥도날드
信義店
台北世界貿易中心
타이베이이링이
台北101 P.14
신이안흐어
信義安和
國際會議中心
信義區行政中心
샹샨
象山
文昌街
信義路四段
MRT 신아시엔
citi
타이베이이링이/스마오
信義路五段
安和路二段
通化公園
HSBC
台北101/世貿
松勤路
3
立人國中
文昌街
하오, 치유
四四南村
松平路
好, 丘 P.5
信義國小
臨江街
린장제(통화제)예스
景新公園
信義國中
臨江街(通化街)夜市 P.69
景平公園
立人國際國民中小學
三興國小
臨江公園
三興公園
信安街
밍위에탕바오
明月湯包 P.14
法治公園
喬治工職
吳興街
타이베이 남동부
중샤오푸싱(忠孝復興)~스정푸(市政府)
1:13,000
0   200m
台北醫學大學
崇德街
崇德公園
N
리우장리
六張犁
D
E
F
119

타이베이 남서부
롱샨쓰(龍山寺) ~ 중샤오신성(忠孝新生)
1:13,000
200m
N

웨이제바오신펀위안 타이베이시먼디엔
魏姐包心粉圓 台北西門店 P.4
뉴디엔 牛店 P.56
펑다카페이 蜂大咖啡 P.85
청핀시먼디엔 誠品西門店 85
서먼팅 西門町 P.56
타이위안우진항 泰元五金行 P.55
롱샨쓰 龍山寺 P.22
타이베이슈위안 臺北書院 P.20
중산탕 中山堂 P.85
위지싱런더우푸 于記杏仁豆腐 P.71
종통푸 総統府 P.79
청중스창 城中市場 P.52
코스메드 COSMED P.94
아위안 阿原 P.44
왓슨스 Watsons P.94
황룽좡 黃龍莊 P.87
난지창예스 南機場夜市 P.69

P.116로
시먼 西門
샤오난먼 小南門
MRT 샤오난먼치엔
롱샨쓰 龍山寺 MRT 반난시엔
완화 萬華

D
E
P.117로
F
M4
기배이츠어잔
台北車站
M3
M7
天成大飯店
衍政院
新聞局
台北國際藝術村
北平東路
中央藝文公園
松江路
新生北路一段
渭水路
M6
家美飯店
티엔허시엔우 天和鮮物 P.45
北凱撒大飯店
中正第一分局
警政署
天津街
林森北路一段
善導寺
杭州
화산원창위안취
華山文創園區 P.28
E
金山北路一段
人德路一段
光華數位新天地
라오차수이지엔바오 老蔡水煎包 P.67
監察院
징치선양성회이관 精氣神養生會館 P.65
오우라이(烏來) 방면
버스 정류장
善導寺
호텔 코지 중샤오관 HOTEL COZZI 忠孝館 P.104
中國信託
審計部
MRT 반난시엔
忠孝國小
台北科技大學
웨안위안짜오디엔
圓圓早點 P.79
華藝手繪中國風服飾
취안리엔푸리중신 화산디엔
全聯福利中心 華山店 P.50
푸항더우장
阜杭豆漿 P.18
林務局
忠孝東路一段
中샤오신셩
忠孝新生
台大醫院
立法院
鎮江街
十 濟南教會
北海漁村
青島東路
青華街
第一
凱統大飯店
이다이위안
台大醫院
敎育部
昆蟲博物館
成功中
國立臺北商業技術學院
馥園餐廳
華南
開南商工
徐州路
濟南路二段
齊東公園
常德街
國立臺灣大學法律監社會科學院
圖書分館
國立臺灣大學
社會科學院
交通部電信總局
泰安街
1981台北寫真館
濟南路二段
台北賓館
市長官邸藝文沙龍
徐州路
銅山街
맥도날드
景福門
台大醫院
丹陽街
文光公園
頂上魚翅燕窩專賣店
外交部
台大醫學院
台北衛理堂
長榮海事博物館
張榮發基金會
롯데리아
仁愛路一段
長流美術館
國家圖書館
東門國小
中華電信
仁愛路二段
HSBC
비엔비엔 카페 숍
边边 Cafe Shop P.101
大安分局
信義路一段
交通部
國家音樂廳
自由廣場
光華池
大忠門
星辰
金山南路二段
臨沂街
連雲街
P.118로
中山南路
中華電信
意翔村茶業
國家戲劇院
雲漢池
중정지니엔탕
中正紀念堂 P.87
信義路二段
金甌女中
동먼스창
東門市場 P.30
綠逗蔬人
台北東門郵局
信愛公園
連雲公園
항저우샤오롱탕바오
杭州小籠湯包 P.63
盛園 絲瓜小籠湯麵
동먼
東門
스타벅스
大安森林公園
中正區
行政中心
난먼스창
南門市場 P.62
디카성멍하이시엔찬팅
打咔生猛海鮮餐廳 P.50
永豐
동먼자오쯔관 東門餃子館 P.101
청자자주 成家家居 P.50
처유회이원쿠 秋惠文庫 P.91
펑성스탕 豐盛堂 P.32
永康公園
장이팡
彰藝坊 P.50
난위안스핀디엔
南園食品店 P.61
MRT 신이시엔
中正國中
HSBC
金華國小
薑水街
金華街
장신비신
薑心比心 P.45
永康街
金華國中
디카페이
滴咖啡 87
산터우신시엔더우쨩디엔
汕頭新鮮豆漿 P.30
위안린상디엔
員林商店 P.91
金華公園
카페이샤오쯔요 카페 리베로
咖啡小自由 Caffe Libero P.101
新生國小
潮州街
郵政醫院
수항디엔신디엔
蘇杭點心店 P.34
에콜 카페 쉐샤오카페이관
ECOLE Café 學校咖啡館 P.101
e-2000
칭티엔치리우
青田七六 P.31
福州街
맥도날드
錦安公園
요산지아위안
油杉家園 P.31
麗水街
國立台灣師範大學
제일란디아 트래블 앤드 북스 뤼런슈팡
Zeelandia Travel&Books 旅人書房 P.5
台北富邦
南昌公園
HSBC
P.122 스다루(師大路)·공관(公館)
和平東路一段
얼위에카페이
貳月咖啡 P.32
國立教育資料館
和平西路二段
德國文化中心
強恕中學
臺灣
國立台灣師範大學
元大
重慶南路二段
廈門街
牯嶺街
牯嶺公園
汀州路一段
同安街
雲和街
浦城街
師大路
龍泉街
溫州街
和平東路一段

스다루(師大路)·공관(公館)
1:10,000
0 200m
N

國立台灣師範大學
臺灣
國立台灣師範大學
師大路
구아파 guapa P.4
S
康青龍(龍泉街)
훠리판촨 活力飯糰 P.88 G
M 스다예스 師大夜市 P.34
샤오난펑 小南風 P.101 G
雲和街
梁実秋故居
세븐일레븐
스타벅스
세븐일레븐
浦城街
龍泉街
티엔자오더 天饒得 P.101 G
古莊公園
버거킹
古風公園
雲和街
泰順街
辛亥一號公園
新民國小
大學公園
溫州綠地公園
僑園飯店 H
타이띠에다로우 古蹟文樓
古亭國小
패밀리마트
모스버거
패밀리마트
玥壱軒
세븐일레븐
溫州公園
青田街
國立教育資料館
大安區行政中心
和平東路一段
元大
泰順街
溫州街
新生南路二段
和平東路二段
스타벅스
新生南路三段
龍門公園
龍安國小
쯔텅루 G
紫藤廬 P.5
辛亥路二段
體育館巨蛋
醉月湖
體育館
G 타이이뉴나이다왕
台一牛奶大王 P.70
新生南路三段
大安森林公園

兒童交通博物館
客家文化主題公園
替代役中心
三軍總醫院
汀洲院區
古亭河濱公園
永春街
國立台灣大學
水源校區

新店溪

中國信託
맥도날드
S 딩하오 웰컴 뤄쓰푸 루즈벨트
頂好Wellcome 羅斯福 RSV P.93
세븐일레븐
台電公司
KFC
河岸留言
서클K
聯邦
이야주 易牙居 P.53 G
천싼딩 陳三鼎 P.67 G
아이위즈리엔상시엔차오 G
愛玉之戀土仙草 P.70
스타벅스
패밀리마트
公館夜市
맥도날드
CoCo壱番屋
銘傳國小
文學館
農化館
行政大樓
타이완다쉐 E
臺灣大學 P.33
舟山路
수이위안스창 水源市場 P.52 M
광난다피파 光南大批發 P.52 S
東南亞冰店
바오장옌궈지이수춘 E
寶藏巖國際藝術村 P.53
基隆路四段
The WALL
스타벅스

장소명(원음 | 원어 | 한자 독음)

키워드　　　　　게재 페이지　　　지도

식도락

간지샤오샨차오·바오빙
| 甘記燒仙草·刨冰 | 감기소선초·포빙
디저트, 더우화(순두부)
4　116 C-3

광디엔타이베이 스폿 타이베이
| 光點台北 Spot Taipei | 광점태북 Spot Taipei
카페, 영화, 칵테일, 잡화
55　117 D-3

지난시엔탕바오 | 濟南鮮湯包 | 제남선탕포
식사, 샤오롱바오(만두)
4　118 A-2

난위안스핀디엔 | 南園食品店 | 남원식품점
식사, 대나무 떡
61　121 D-3

뉴디엔 | 牛店 | 우점
식사, 뉴로우미엔(쇠고기면)
56　120 B-1

다라이샤오관 | 大來小館 | 대래소관
식사, 루로우판(돼지고기 덮밥)
101　121 F-3

다즐링 카페 민트 | Dazzling Café Mint
카페, 허니 토스트, 소녀 감성
97　119 D-1

다차오터우라오파이퉁짜이미가오
| 大橋頭老牌筒仔米糕 | 대교두로패통자미고
식사, 지에밥, 돼지고기
103　116 C-1

다카성멍하이시엔찬팅
| 打冹生猛海鮮餐廳 | 타잡생맹해선찬청
술집(러차오), 해산물 요리
67　121 D-3

동먼자오쯔관 | 東門餃子館 | 동문교자관
식사, 가정식, 산동풍, 교자
101　121 F-3

동취펀위안 | 東區粉圓 | 동구분원
디저트, 타피오카, 빙수, 토핑
60　119 D-2

뒤얼카페이관 도터즈 카페
| 朵兒咖啡館 Daughter's Café
| 타아가배관 Daughter's Café
카페, 영화, 파인애플 잼
99　115 E-2

디카페이 | 滴咖啡 | 적가배
카페, 가정집 분위기, 복고풍
87　121 D-3

딩샹더우화 | 丁香豆花 | 정향두화
디저트, 더우화(순두부), 토핑
64　117 E-1

라오지우더지아샹웨이 | 老舅的家鄉味 | 로구적가향미
식사, 훠궈(샤부샤부), 발효 식품, 사이드 메뉴
75　114 B-2

라오차수이지엔바오 | 老蔡水煎包 | 로채수전포
식사, 수이지엔바오(만두), 더우장(두유), 테이크아웃
67　121 D-1

루궈카페이 루궈 카페
| 爐鍋咖啡 Luguo Café | 로과가배 Luguo Café
카페, 중국차 작법, 아리 산 커피
103　116 B-3

르광카페이 | 日光咖啡 | 일광가배
카페, 식사, 조용한 분위기
75　118 B-1

린흐어꽈요판궈디엔
| 林合發油飯粿店 | 림합발유반과점
식사, 요판(지에밥), 지투이(닭다리), 홍단(조린 달걀)
35　116 C-3

린화타이차항 | 林華泰茶行 | 림화태차행
차, 도매상, 시음 가능
103　116 C-2

마라딩지마라위엔양훠궈
| 馬辣頂級麻辣鴛鴦火鍋 | 마랄정급마랄원앙화과
식사, 훠궈(샤브샤브), 뷔페, 디저트, 하겐다즈
29　118 B-1

마산탕 | 麻膳堂 | 마선당
식사, 뉴로우미엔(쇠고기면), 마라궈(매운 신선로 요리), 군만두
21　119 F-2

망고 차 차 | Mango cha cha
디저트, 빙수, 망고, 마카롱, 주스
15　118 B-1

미니 빈 | Mini Bean
카페, 더우장(두유), 식사, 푸딩, 잼
21　118 B-1

민르어치위미펀탕
| 民樂旗魚米粉湯 | 민락기어미분탕
식사, 미펀탕(쌀국수)
35　116 C-3

민이청 | 民藝埕 | 민예정
카페, 바, 잡화, 복고풍
35　116 B-3

밍공 | 明宮 | 명궁
식사, 광둥풍, 인차(경식), 모던함, 고급스러움
19　117 E-3

밍위에탕바오 | 明月湯包 | 명월탕포
식사, 샤오롱바오(만두)
14　119 D-4

바이예원저우다훈툰
| 百葉溫州大餛飩 | 백엽온주대혼돈
식사, 완탕(만둣국), 짜장면, 빙수, 저우제룬
84　112 B-3

베이먼펑리빙 | 北門鳳李冰 | 북문봉리빙
디저트, 젤라토, 천연 재료
71　119 D-2

보리루시찬팅 볼레로
| 波麗路西餐廳 Bolero | 파려로서찬청 Bolero
식사, 양식점, 노포, 스튜, 카레, 그라탱, 복고풍
103　116 C-3

비엔비엔 카페 숍
| 边边 Cafe Shop | 변변 Cafe Shop
카페, 복고풍, 아파트 재건축, 안정된 분위기
101　121 F-2

빙동런자량미엔 | 屏東任家涼麵 | 병동임가량면
식사, 량미엔(냉면), 된장국, 라유
99　115 F-2

빙산|冰讚|빙찬
디저트, 빙수, 망고, 기간 한정(4~10월)
64　117 D-3

산터우신시엔더우쟝디엔
|汕頭新鮮豆漿店|산두신선두장점
식사, 더우쟝(두유), 단빙(오믈렛)
30　121 E-3

샤오난펑|小南風|소남풍
카페, 잡화, 갤러리, 케이크
101　122 A-1

샤오리쯔|小李子|소리자
식사, 죽, 반찬, 새벽 영업
91　118 B-4

샤오홍메이스터우훠궈
|小紅莓石頭火鍋|소홍매석두화과
식사, 훠궈(샤부샤부), 셀프서비스, 예약 불가
60　115 F-4

성룽카페이관|昇瀧珈琲館|승룽가배관
카페, 마가오 커피
89　112 C-1

송추차이관|宋廚菜館|송주채관
식사, 베이징 요리, 북경오리, 예약 추천
81　119 F-1

쐉메이마|双妹嘜|쌍매마
디저트, 과일, 우유, 저칼로리, 웰빙
64　117 E-2

수항디엔신디엔|蘇杭點心店|소항점심점
식사, 샤오롱바오(만두), 파이, 녹두국수
34　121 D-4

시후런지엔차관|囍壺人間茶館|희호인간차관
다예관, 타피오카 음료, 위츠 홍차, 면 요리, 딤섬, 식사 가능
97　119 D-1

신예|欣葉|흔엽
식사, 노포, 타이완풍
5　117 E-1

싸오더우화|騷豆花|소두화
디저트, 더우화(순두부), 과일
97　119 D-1

쑨양정디엔|孫羊正店|손양정점
식사, 훠궈(샤부샤부), 양고기, 한방 재료, 해산물, 예약 추천, 전통 차
46　113 D-1

아간이위위안디엔|阿柑姨芋圓店|아감이우원점
디저트, 위위안(타로 고구마 경단), 단팥죽, 빙수, 경치
78　112 A-3

아이스 몬스터|ICE MONSTER
디저트, 빙수, 망고, 용캉스우(永康15)
97　119 D-1

아이위즈리엔상시엔차오
|愛玉之戀上仙草|애옥지련상선초
디저트, 젤리, 선인초, 아이위
70　122 B-3

앙크레 카페|Ancre Café
카페, 닻, 경치, 귀여운 분위기, 팬케이크
84　112 B-3

양신차로우수스인차
|養心茶樓蔬食飲茶|양심차루소식음차
식사, 채식, 웰빙
44　117 F-3

어 트레인|A Train
카페, 바, 재즈, 주말 라이브
4　114 B-4

얼위에카페이 | 貳月咖啡 | 이월가배
카페, 책, 시폰 케이크, 면 요리, 잼
32 121 F-4

에콜 카페 쉐샤오카페이관
| 'ECOLE Café 學校咖啡館 | 'ECOLE Café 학교가배관
카페, 식사, 술
101 121 F-4

요지밍차 | 有記名茶 | 유기명차
차, 가게, 공장, 다기, 시음 가능, 견학 가능
103 116 C-3

우구차량 시드 차
| 吾穀茶糧 SIID CHA | 오곡차량 SIID CHA
카페, 레이차(으깬 곡물), 죽, 경치, 차
79 112 A-3

우스란 | 50嵐 | 50람
디저트, 타피오카 음료
72 -

울루물루 푸진제
| woolloomooloo 富錦街 | woolloo mooloo 부금가
카페, 브런치, 호주풍, 맥주, 파스타, 피자
99 115 D-2

웨이제바오신펀위안 타이베이시먼디엔
| 魏姐包心粉圓 台北西門店
| 위저포심분원 태북서문점
디저트, 타피오카, 팥
4 120 B-1

위안린상디엔 | 員林商店 | 원림상점
식사, 주먹밥, 흑미, 더우장(두유), 차, 웰빙
91 121 E-3

위안위안자오디엔 | 圓圓早點 | 원원조점
식사, 햄버거, 타이완풍, 더우장(두유)
79 121 D-1

위지싱런더우푸 | 于記杏仁豆腐 | 우기행인두부
디저트, 행인 두부, 행인 밀크, 빙수, 체인점
71 120 B-1

이야주 | 昜牙居 | 역아거
식사, 광둥풍, 인차(경식), 웰빙, 저렴, 사진 메뉴, 행인 두부
53 122 B-3

장타이타이바오쯔디엔
| 姜太太包子店 | 강태태포자점
식사, 고기만두, 경치
76 118 B-2

지샹차오 | 吉祥草 | 길상초
다예관, 차, 식사, 케이크, 복고풍
40 115 D-2

지싱강스인차 | 吉星港式飲茶 | 길성항식음차
식사, 인차(경식), 죽, 딤섬, 피단, 경치
42 117 E-4

지우펀촨통위완 | 九份傳統魚丸 | 구빈전통어환
식사, 완탕(만둣국), 루로우판(돼지고기 덮밥), 국물 요리
77 112 A-3

지워 | 鷄窩 | 계와
식사, 닭고기탕
41 118 C-3

자이지푸지엔량미엔
| 載記福建涼麵 | 재기복건량면
식사, 량미엔(냉면), 국물 요리, 면 요리
99 115 E-2

쯔텅루 | 紫藤廬 | 자등려
차, 사적, 영화, 복고풍
5 122 C-1

차탕회이 | 茶湯會 | 차탕회
디저트, 타피오카 음료, 춘수이탕
72 119 D-2

천싼딩 | 陳三鼎 | 진삼정
디저트, 타피오카 음료
67 122 B-3

추이피시엔나이티엔티엔취안
| 脆皮鮮奶甜甜圈 | 취피선내첨첨권
디저트, 도넛, 빵
63 117 E-1

치유회이원쿠 | 秋惠文庫 | 추혜문고
카페, 앤티크풍
91 121 F-3

춘수이탕 | 春水堂 | 춘수당
디저트, 타피오카 음료, 원조, 식사
23 117 D-4

취안자러스네이댜오샤
| 全佳樂室內釣蝦 | 전가악실내조하
낚시, 새우, 요리
66 117 F-2

칭위 | 清玉 | 청옥
디저트, 녹차, 레몬
72 -

칭티엔치리우 | 青田七六 | 청전칠륙
식사, 카페, 가정집 분위기, 창작 요리, 오리지널 음
료, 젤라토, 복고풍
31 121 F-4

카페 솔 | CAFÉ SOLE
카페, 차분한 분위기, 라테 아트, 드립 커피
81 119 E-1

카페이농 커피 앨리
| 咖啡弄 Coffee Alley | 가배롱 Coffee Alley
카페, 와플
97 118 C-1

카페이샤오쯔요 카페 리베로
| 咖啡小自由 Café Libero | 가배소자유 Café Libero
카페, 가정집 분위기, 모던함, 제과점, 위스키
101 121 F-3

컴바이 | COMEBUY
디저트, 타피오카 음료
72 -

코코 | COCO
디저트, 타피오카 음료
72 -

타이베이뉴루다왕 | 台北牛乳大王 | 태북우유대왕
디저트, 주스, 우유, 요거트, 스무디, 과일, 파파야
47 117 D-3

타이베이슈위안 | 臺北書院 | 대북서원
다예관, 우롱차, 녹두떡
20 120 B-1

타이이뉴나이다왕 | 台一牛奶大王 | 태일우내대왕
디저트, 빙수, 팥, 파인애플
70 122 C-2

티엔런밍차 | 天仁茗茶 | 천인명차
디저트, 차
72 -

티엔시아싼제 | 天下三絕 | 천하삼절
식사, 뉴로우미엔(쇠고기면), 와인
97 118 B-2

티엔자오더 | 天佻得 | 천요득
카페, 식사, 가정식, 앤티크풍
101 122 B-2

티엔진제미타이무 | 天津街米苔目 | 천진가미태목
디저트, 빙수, 토핑, 식사
42 117 E-4

티엔흐어시엔우 | 天和鮮物 | 천화선물
디저트, 스무디, 디톡스 드링크
45　121 E-1

펑다카페이 | 蜂大咖啡 | 봉대가배
카페, 사이폰 커피, 토스트, 햄에그, 모닝 세트
85　120 B-1

펑성스탕 | 豊盛食堂 | 풍성식당
식사, 가정식, 하카족, 볶음, 스프, 사진 메뉴
32　121 F-3

펑성하오 | 豐盛號 | 풍성호
식사, 샌드위치
57　113 E-2

푸바왕주자오지핀찬팅
| 富覇王豬腳極品餐廳 | 부패왕저각극품찬청
식사, 족발, 도시락
26　117 F-3

푸진제 No.108 | 富錦街 No.108 | 부금가 No.108
식사, 카페, 시크한 분위기, 창작 요리, 애프터눈 티 세트
99　115 D-2

푸항더우장 | 阜杭豆漿 | 부항두장
식사, 더우장(두유), 단빙(오믈렛)
18　121 E-1

하오, 치유 | 好, 丢 | 호, 구
카페, 식사, 잡화, 타이베이101
5　119 E-3

하오양찬팅 베리베리굿 비스트로
| 好樣餐廳 VVG BISTRO | 호양찬청 VVG BISTRO
카페, 식사, 창작 요리, 유럽풍, 오픈 키친
97　118 C-1

항저우샤오롱탕바오 | 杭州小籠湯包 | 항주소롱탕포
식사, 샤오롱바오(만두), 디저트
63　121 E-3

화베이자오쯔관 | 華北餃子館 | 화북교자관
식사, 교자, 맥주, 라유
50　117 E-3

황룽좡 | 黃龍莊 | 황룽장
식사, 샤오롱바오(만두), 쓰촨풍, 뉴로우미엔(쇠고기면)
87　120 C-3

훠리판퇀 | 活力飯糰 | 활력반단
식사, 주먹밥, 찹쌀
88　122 B-1

광난다피파 | 光南大批發 | 광남대비발
잡화, 문구, 미용, CD, DVD, 마스킹테이프, 스티커
52　122 C-4

구아파 | guapa
패션, 아이옷, 스다예스
4　122 B-1

까르푸 지아르어푸 충칭디엔
| Carrefour 家樂福 重慶店
| Carrefour 가락복 중경점
마트
93　116 C-2

딩하오 웰컴 뤄쓰푸 루즈벨트
| 頂好Wellcome 羅斯福 RSV
| 정호Wellcome 라사복 RSV
마트
93　122 B-3

루위안|茹緣|여연
잡화, 경극 가면, 포대극, 인형, 부채, 수첩 커버
78 112 A-3

루이|如意|여의
잡화, 대바구니, 인형, 다구, 그릇
78 112 A-3

리지빙디엔|犁記餅店|리기병점
디저트, 선물, 파인애플 케이크, 노포
23 114 A-4

린펑이상항|林豐益商行|림풍익상행
잡화, 대나무 세공품, 노포, 가방, 찜통, 보관함, 접는 가방
103 116 B-2

마지 마지 지스싱르어
|Maji Maji 集食行樂|Maji Maji 집식행락
쇼핑몰, 푸드 코트, 식사, 카페, 잡화, 베이글, 잼
57 113 E-3

성리성훠바이훠 솽청치지엔디엔
|勝立生活百貨 雙城旗艦店
|승립생활백화 쌍성기함점
마트
51 117 E-1

소고 푸싱관|SOGO 復興館|SOGO 부흥관
백화점
75 118 B-1

시먼팅|西門町|서문정
쇼핑가, 패션, 잡화, 플리마켓, 합리적 가격
56 120 B-1

신다선롱항|信大參茸行|신대참용행
식재료, 한방, 제비집, 우황, 버섯
103 116 C-3

왓슨스|Watsons
드럭 스토어
94 120 C-1

웨이르어산치유 서니힐즈
|微熱山丘 SunnyHills|미열산구 SunnyHills
디저트, 선물, 파인애플 케이크, 시식 가능
99 115 D-3

위안룽팡|圓融坊|원융방
잡화, 전통, 옷, 액세서리, 가방, 어른스러운 분위기
101 121 F-3

윈차이쉬안|雲彩軒|운채헌
잡화, 패션, 전통, 파우치, 코스터, 전통 무늬, 귀여운 분위기
54 117 E-3

장이팡|彰藝坊|창예방
잡화, 패션, 포대극, 파우치, 런천 매트, 가방
50 121 F-3

제일란디아 트래블 앤드 북스 뤼런슈팡
|Zeelandia Travel& Books 旅人書房
|Zeelandia Travel&Books 려인서방
서점, 여행, 차
5 121 F-4

지우펀무지쇼우창관
|九份木屐手創館|구빈목극수창관
신발, 나막신, 웨지 샌들, 디자인 선택 가능
76 112 A-3

청지아지아주|成家家居|성가가거
잡화, 전통, 마스킹테이프, 코스터, 파우치, 손거울, 비누
50 121 F-3

청핀성훠송옌디엔
|誠品生活松菸店|성품생활송어점
쇼핑몰, 서점, 잡화, 디저트, 식사, 극장, 호텔
5 119 E-1

청핀슈디엔 신이치지엔디엔
|誠品書店 信義旗艦店|성품서점 신의기함점
쇼핑몰, 서점, 패션, 음반, 잡화, 선물, 푸드 코트
15 119 F-2

청핀시먼디엔|誠品西門店|성품서문점
서점, 대형 체인
85 120 B-1

취안리엔푸리중신 화산디엔
|全聯福利中心 華山店|전련복리중심 화산점
마트
93 121 E-1

치엔위안선야오항|乾元蔘藥行|건원삼약행
약국, 한방, 환약, 정제 한방약, 사물탕, 감비차, 건
물, 선물
103 116 B-3

코스메드|COSMED
드럭 스토어
94 120 C-1

큐 스퀘어 징잔스상광창
|Q square 京站時尚廣場|Q square 경참시상광장
쇼핑몰, 선물, 아위안, 장신비신
79 117 D-4

타이베이디시아제|台北地下街|태북지하가
상점가, 패션, 잡화, CD, DVD, 합리적 가격
65 117 D-4

타이완하오, 디엔|台灣好, 店|태만호, 점
잡화, 공예품, 카드, 스티커, 엽서, 비누, 가방, 런천
매트
54 117 D-3

타이위안우진항|泰元五金行|태원오금행
식기점, 노포, 도기
55 120 A-2

탕춘 슈거 앤드 스파이스
|糖村 Sugar&Spice|당촌 Sugar&Spice
디저트, 선물, 우유 설탕, 파인애플 케이크, 치즈
97 118 C-1

팡팡탕 펀펀타운
|放放堂 funfuntown|방방당 funfuntown
잡화, 가구, 전통, 개성적인 분위기
99 115 E-2

푸진 트리 355|Fujin Tree 355
편집 숍, 패션, 잡화, 식기, 일본인 주인, 타이완산
제품
99 115 E-2

하오양번스 베리베리굿 섬딩
|好樣本事 VVG Something
|호양본사 VVG Something
서점
5 118 C-1

다모동관|達摩動館|달마동관
마사지, 지압, 마사지사의 성별 지명 가능
23 117 F-3

단단즈이|丹丹指藝|단단지예
네일 숍, 젤 네일, 합리적 가격, 예약 추천
41 113 E-2

메루 청이화공위안랴오
|MERU 城乙化工原料|MERU 성을화공원료
미용, 도매상, 화장품 DIY, 원료, 포장지
44 116 C-3

미스터 헤어|mr.hair
미용, 헤어 케어, 수제 샴푸
40 119 D-2

베이터우칭황밍탕|北投青磺名湯|북투청광명탕
온천, 3종류 수질, 당일치기, 닥터 피시
46   113 E-1

부디 스파|Bodhi SPA
휴양, 한방, 경락, 아로마 테라피
43   114 C-3

아위안|阿原|아원
미용, 비누, 유기농, 허브
44   120 C-1

옐로 테드|Yellow Ted
미용, 헤어 케어, 타이완식 머리 감기
18   117 D-3

쟝신비신|薑心比心|강심비심
미용, 화장품, 생강, 천연
45   121 F-3

징치선양성회이관
|精氣神養生會館|정기신양생회관
마사지, 차 서비스
65   121 D-1

쯔흐어탕지엔캉양성중신
|滋和堂健康養生中心|자화당건강양생중심
마사지
4   117 F-4

취안파펑미|泉發蜂蜜|천발봉밀
미용, 화장품, 벌꿀, 천연
43   117 E-3

푸란둬우라이지우디엔
|馥蘭朵烏來酒店|복란타오래주점
온천, 호텔, 고급, 경치, 애프터눈 티 세트
90   112 C-1

화윈탕|華雲堂|화운당
마사지, 침구, 부항
47   117 F-4

훠취안쭈티양선스제
|活泉足體養身世界|활천족체양신세계
마사지, 족탕, 와이파이
20   117 F-2

난먼스창|南門市場|남문시장
시장, 식료품, 푸드 코트, 야식, 선물
62   121 D-3

난지창예스|南機場夜市|남기장야시
야시장, B급 식도락
69   120 B-4

닝샤예스|寧夏夜市|녕하야시
야시장, B급 식도락
61   116 C-3

동먼스창|東門市場|동문시장
아침 시장, 식료품
30   121 E-3

라오흐어제예스|饒河街夜市|요하가야시
야시장, B급 식도락, 잡화, 패션
69   113 F-3

랴오닝제예스|遼寧街夜市|료녕가야시
야시장, B급 식도락
68   114 B-4

린장제(통화제)예스
|臨江街(通化街)夜市|림강가(통화가)야시
야시장, 노포, 잡화, 패션, B급 식도락, 디저트
69   119 D-3

솽청제예스 | 雙城街夜市 | 쌍성가야시
야시장, 아침 시장, B급 식도락
51   117 E-1

수이위안스창 | 水源市場 | 수원시장
시장, B급 식도락
52   122 C-4

스다예스 | 師大夜市 | 사대야시
야시장, 패션, 잡화, B급 식도락
34   122 B-1

스린예스 | 士林夜市 | 사림야시
야시장, 타이베이 최대, 잡화, 게임, B급 식도락, 디
저트
16   113 E-2

쓰핑제양광상취안
| 四平街陽光商圈 | 사평가양광상권
상점가, 잡화, 패션, B급 식도락, 보행자 천국
27   117 F-3

용흐어르어화관광예스
| 永和樂華觀光夜市 | 영화악화관광야시
야시장, B급 식도락
69   112 A-2

지룽먀오커우예스
| 基隆廟口夜市 | 기룽묘구야시
야시장, B급 식도락
69   112 C-1

지엔궈스창 | 建國市場 | 건국시장
시장, 식료품
27   114 A-3

청중스창 | 城中市場 | 성중시장
아침 시장, B급 식도락, 식료품
52   120 C-1

궈푸지니엔관 | 國父紀念館 | 국부기념관
기념관, 쑨원, 위병 교대
14   119 E-2

롱산쓰 | 龍山寺 | 룽산사
사원, 타이베이 최고(最古)의 사원, 태음성군, 관성
제군, 문창제군, 월하노인
22   120 A-2

매직에스 | Magic.S
사진관, 변신 사진
19   117 E-4

바오장옌궈지이수춘
| 寶藏巖國際藝術村 | 보장암국제예술촌
마을, 예술가, 호스텔, 야외 전시, 아틀리에, 갤러리,
카페
53   122 C-4

요니전하오 | 有你真好 | 유니진호
자전거, 대여, 여권 필요
83   112 A-1

요산지아위안 | 油杉家園 | 유삼가원
건축, 일본 강점기 시절 건물, 견학 가능, 예약 필수
31   121 E-4

우라이라오제 | 烏來老街 | 오래로가
거리, 온천, 노점, 민족박물관, 족탕
88   112 C-1

우라이푸부 | 烏來瀑布 | 오래폭포
경치, 흰 실 폭포, 원주민 쇼, 잡화, 원주민 커피
89   112 C-1

위런마터우 | 漁人碼頭 | 어인마두
경치, 부두, 연인의 다리, 베이 브리지, 노을, 크루징
85   112 A-1

이샹타오팡 | 意象陶坊 | 의상도방
예술, 공방, 도예 체험, 고양이
77   112 A-3

종통푸 | 総統府 | 총통부
건축, 일본 강점기 시절 건물
79   120 C-2

중샨탕 | 中山堂 | 중산당
건축, 일본 강점기 시절 건물, 카페, 다예관, 콘서트 홀
85   120 B-1

타이베이샤하이청황먀오
| 台北霞海城隍廟 | 태북하해성황묘
사원, 연애 성취, 월하노인
22   116 B-3

타이베이이링이 | 台北101 | 태북101
빌딩, 타이완 최고(最高) 건축물, 쇼핑, 전망대, 음성 가이드
14   119 F-3

타이완다쉐 | 臺灣大學 | 대만대학
학교, 산책, 자전거, 야자수길, 견학 가능, 우유 아이스크림
33   122 C-3

홍마오청 | 紅毛城 | 홍모성
건축, 타이완 최고(最古) 건축물, 네덜란드
84   112 B-3

화산원촹위안취 | 華山文創園區 | 화산문창원구
예술, 미술 전시회, 라이브 무대, 카페 레스토랑, 신구 조화
28   121 F-1

더 리비에라 호텔 | The Riviera Hotel
호텔, 디럭스급, 유럽풍 인테리어, 친환경, 셔틀 버스
105   117 E-1

메이 스테이 | Mei Stay
호스텔, 합리적 가격, 넓은 로비, 타이베이 아리나, 프론트 24시간 응대
104   114 C-4

솔로 싱어 비 앤드 비 | Solo Singer B&B
민박, 여관 재건축, 아티스트 집단, 베이터우 온천, 6가지 객실
105   113 D-1

호텔 코지 중샤오관
| HOTEL COZZI 忠孝館 | HOTEL COZZI 충효관
호텔, 푸항더우장, 역에서 바로
104   121 E-1

EASTAR JET

짜릿한 가격으로 추억을 파는 국민항공사

이스타항공

ZE887 11:OO(출발) −12:5O(도착) 화/목/토
ZE9887 11:OO(출발) −12:5O(도착) 월/수/금/일
김포
(Gimpo)
송산
(Songshan)
ZE888 13:5O(출발) −17:3O(도착) 화/목/토
ZE9888 13:5O(출발) −17:25(도착) 월/수/금/일

☎ 1544-0080   www.eastarjet.com

EASTAR JET

주말에 바로 떠나는 타이완 여행
타이베이 2박 3일 베스트 루트

2015년 4월 5일 초판 1쇄 인쇄
2015년 4월 10일 초판 1쇄 발행

기획·번역	문희언
감수	박명옥
펴낸이	정상석
편집·진행	윤보라
편집 디자인	앤미디어
표지 디자인	이지선
펴낸 곳	터닝포인트(www.diytp.com)
등록번호	2005. 2. 17 제6-738호
주소	(121-868) 서울시 마포구 연남로 97-1 3층(연남동)
대표전화	(02)332-7646
팩스	(02)3142-7646
ISBN	978-89-94158-64-8 13980
정가	13,000원
내용 및 집필 문의	diamat@naver.com

(터닝포인트는 삶에 긍정적 변화를 가져오는 좋은 원고를 환영합니다.)

글	omo!(고토 료코, 츠치다 리나), 다카하시 마키
사진	Tetsurin Chang, 고토 료코
코디네이터	다카하시 마키, Faith Lin
편집	omo!
디자인	오오모리 유미(니코)
지도 제작	주식회사 슈치사

이 도서의 국립중앙도서관 출판예정도서목록(CIP)은 서지정보유통지원시스템 홈페이지(http://seoji.nl.go.kr)와 국가자료 공동목록시스템(http://www.nl.go.kr/kolisnet)에서 이용하실 수 있습니다.(CIP제어번호: CIP2015007242)